피타고라스가 들려주는 수열 이야기

수학자가 들려주는 수학 이야기 34

피타고라스가 들려주는 수열 이야기

초판 1쇄 발행일 | 2008년 8월 11일
초판 22쇄 발행일 | 2021년 7월 6일

지은이 | 김승태
펴낸이 | 정은영

펴낸곳 | (주)자음과모음
출판등록 | 2001년 11월 28일 제2001-000259호
주소 | 04047 서울시 마포구 양화로6길 49
전화 | 편집부 (02)324-2347, 경영지원부 (02)325-6047
팩스 | 편집부 (02)324-2348, 경영지원부 (02)2648-1311
e-mail | jamoteen@jamobook.com

ISBN 978-89-544-1580-4 (04410)

34 수학자가 들려주는 수학 이야기

피타고라스가 들려주는 수열 이야기

| 김승태 지음 |

(주)자음과모음

수학자라는 거인의 어깨 위에서
보다 멀리, 보다 넓게 바라보는 수학의 세계!

수학 교과서는 대개 '결과' 로서의 수학을 연역적으로 제시하는 경향이 강하기 때문에 학생들은 수학이 끊임없이 진화해 왔다는 생각을 하기 어렵습니다. 그렇지만 수학의 역사는 하나의 문제가 등장하고 그에 대해 많은 수학자들이 고심하고 이를 해결하는 가운데 새로운 아이디어가 출현해 온 역동적인 과정입니다.

〈수학자가 들려주는 수학 이야기〉는 수학 주제들의 발생 과정을 수학자들의 목소리를 통해 친근하게 이야기 형식으로 들려주기 때문에 학생들이 수학을 '과거 완료형' 이 아닌 '현재 진행형' 으로 인식하는 데 도움이 될 것입니다.

학생들이 수학을 어려워하는 요인 중의 하나는 '추상성' 이 강한 수학적 사고의 특성과 '구체성' 을 선호하는 학생의 사고의 특성 사이의 괴리입니다. 이런 괴리를 줄이기 위해서 수학의 추상성을 희석시키고 수학 개념과 원리의 설명에 구체성을 부여하는 것이 필요한데, 〈수학자가들려주는 수학 이야기〉는 수학 교과서의 내용을 생동감 있게 재구성함으로써 추상적인 수학을 구체성을 갖는 수학으로 변모시키고 있습니다. 또한 중간중간에 곁들여진 수학자들의 에피소드는 자칫 무료해지기 쉬운 수학 공부에 있어 윤활유 역할을 할 수 있을 것입니다.

〈수학자가 들려주는 수학 이야기〉의 구성을 보면 우선 수학자의 업적을 개략적으로 소개하고, 6~9개의 강의를 통해 수학 내적 세계와 외적 세계, 교실 안과 밖을 넘나들며 수학 개념과 원리들을 소개한 후 마지막으로 강의에서 다룬 내용들을 정리합니다. 이런 책의 흐름을 따라 읽다 보면 각 시리즈가 다루고 있는 주제에 대한 전체적이고 통합적인 이해가 가능하도록 구성되어 있습니다.

〈수학자가 들려주는 수학 이야기〉는 학교 수학 교과 과정과 긴밀하게 맞물려 있으며, 전체 시리즈를 통해 학교 수학의 많은 내용들을 다룹니다. 예를 들어 《라이프니츠가 들려주는 기수법 이야기》는 수가 만들어진 배경, 원시적인 기수법에서 위치적 기수법으로의 발전 과정, 0의 출현, 라이프니츠의 이진법에 이르기까지를 다루고 있는데, 이는 중학교 1학년의 기수법의 내용을 충실히 반영합니다. 따라서 〈수학자가 들려주는 수학 이야기〉를 학교 수학 공부와 병행하면서 읽는다면 교과서 내용의 소화 흡수를 도울 수 있는 효소 역할을 할 수 있을 것입니다.

뉴턴이 'On the shoulders of giants' 라는 표현을 썼던 것처럼, 수학자라는 거인의 어깨 위에서는 보다 멀리, 넓게 바라볼 수 있습니다. 학생들이 〈수학자가 들려주는 수학 이야기〉를 읽으면서 각 수학자들의 어깨 위에서 보다 수월하게 수학의 세계를 내다보는 기회를 갖기를 바랍니다.

홍익대학교 수학교육과 교수 | 《수학 콘서트》 저자 박 경 미

세상의 진리를 수학으로 꿰뚫어 보는 맛
그 맛을 경험시켜 주는 '수열' 이야기

아무리 좋은 음식이라도 소화를 해내지 못하면 건강에 도움이 되지 않습니다. 이 책을 집필하면서 아무리 좋은 내용을 담고 있더라도 학생들이 재미나게 이해하지 못한다면 아무 소용이 없다는 생각으로 최대한 학생들의 눈높이에 맞추려고 노력하였습니다.

수열은 초등학교 때 '문제 푸는 방법 찾기' 라는 단원에서 등장하여 우리에게 아픔을 선사하는 수학의 한 부분입니다. 경시 문제의 단골 메뉴이지요.

하지만 초등학교 때 등장했던 수열은 잠시 그 모습을 감추었다가 자신의 본래 이름인 '수열' 이라는 명찰을 달고 고등학교 2학년 때 다시 나타납니다. 그래서 고등학생들에게 수열은 다소 생뚱맞아 보이기도 하지요.

하지만 수열은 수학의 꽃이라고 불릴 정도로 중요한 부분입니다. 이런 수열에 대해 피타고라스라는 최고의 수학자를 모시고 와서 현대의 우리 학생들에게 거부감 없이 공감대를 형성시키며 가르쳐 주고 싶었습니다. 피타고라스라는 대수학자가 등장하여 가르쳐 주니 우리 학생들에게는 황홀한 수업이 아니겠습니까?

아무쪼록 《피타고라스가 들려주는 수열 이야기》를 소설처럼 읽으면서 수열을 정복하길 바랍니다.

2008년 8월 피타고라스의 80001번째 제자 김 승 태

차례

1 이 책은 달라요

《피타고라스가 들려주는 수열 이야기》는 '수학' 하면 떠오르는 인기 수학자 피타고라스가 수열에 대해 알려주는 일곱 번의 수업을 담고 있습니다. 수열 역시 수학의 꽃이라고 불리는 부분입니다. 인기 수학자와 수학의 꽃이 만났으니 이 책은 안 봐도 불꽃이 튈 것 같지요? 이 불꽃 튀는 책을 보고 나면 수열에 대해 환해질 것이라 장담합니다.

하지만 초등학생들에게는 수열이라는 말 자체가 어렵게 들립니다. '과연 수열이란 무엇일까? 초등학생들에게 과연 수열이 필요한 것일까?' 이런 생각을 하는 학생들이 있을 것입니다. 물론 초등학생들에게는 수열이라는 말을 사용하지 않습니다. 하지만 '문제 푸는 방법 찾기'라는 단원에서 꼭 나오는 문제입니다. 예를 들어 볼까요?

어떤 수들을 쭈욱 나열해 놓고 '20번째에 오는 수를 구하시오' 이런 문제를 간혹 봤을 것입니다. 이것이 바로 수열에 관한 문제입니다.

초등학교 과정에도 분명히 수열이 숨어 있습니다. 단지 그들의 정체와 이름을 밝히지 않을 뿐이지요. 가끔 그들은 경시 문제나 아이큐 테스트에서 그 모습을 드러냅니다. 무서운 녀석들이지요.

이제 우리는 이 책을 읽음으로써 그들, 수열의 정체를 낱낱이 밝혀낼 수 있습니다. 단지 소설 읽듯이 이 책을 읽어 나가기만 한다면 수열에 대해선 환하게 될 것입니다. 아무쪼록 숨은 정체, 수열을 밝혀내는 황홀한 시간이 되길 바랍니다.

2 이런 점이 좋아요

1 고등학교에서 등장하는 수열에서 대하여 초등학생이 읽어도 재미있고 이해하기 쉽도록 구성되어 있습니다. 고등학생들이 배우는 수열이지만 초등학생들의 이해력으로 눈높이를 맞추었습니다. 재미난 에피소드로 여러분을 즐겁게 만들어 줄 것입니다.

2 슈퍼마리오라는 게임 캐릭터가 함께 수열 여행을 떠나면서 여러분들이 외롭지 않게 수학을 배우도록 해 줄 것입니다.

3 일반 수학 강사님이나 학교 선생님도 이 책의 내용을 이용한다면 재미난 강의를 만드는 데 도움이 될 것입니다.

3 교과 과정과의 연계

구분	학년	단원	연계되는 수학적 개념과 내용
고등학교	수－Ⅰ	수열	일반적인 수열의 뜻과 예들을 제시.
		등차수열	수의 배열 사이의 간격이 일정하다는 등차수열의 개념.
		조화수열	배열된 수 모두 역수를 취하면 등차수열이 된다.
		등비수열	수의 배열 사이의 비가 일정하다는 등비수열의 개념.
		중항과 등비수열의 합	수열의 정보만 있다면 양 끝에 있는 수만으로도 중간의 수를 예측. 등비수열의 합 일부분.
		여러 가지 수열	시그마 약간 등장.

4 수업 소개

첫 번째 수업_수열이란?

수열이란 무엇일까요? 수열의 규칙성을 찾는 방법에 대해 배웁니다.

• 선수 학습

– 수열 : 일정한 관계를 가진 수나 기호로 나열한 것. 이때 나열한 수나 기호를 항이라고 합니다. 수열은 정의역이 자연수의 집합인 함수입니다.

– 유한수열 : 항의 개수가 유한개인 수열.

– 무한수열 : 항이 무한히 많은 수열.

• 공부 방법

– 수열을 일반적으로 생각할 때는 다음과 같이 나타냅니다.

$a_1,\ a_2,\ a_3,\ a_4,\ \cdots,\ a_n, \cdots$

– 수열의 규칙성을 찾는 방법

· 이웃하는 항 사이의 차를 알아봅니다. 즉 뒤항 빼기 앞항을 해봅니다.

· 이웃하는 항 사이의 비를 알아봅니다. 즉 뒤항 나누기 앞항을 해봅니다.

· 각 항이 어떤 수의 제곱 또는 세제곱이 되는지 알아봅니다.

· 각 항의 역수분모와 분자를 뒤집는 것를 만들어 보면서 알아봅니다.

· 분수인 수열은 분자, 분모를 따로 규칙성을 알아봅니다.

• 관련 교과 단원 및 내용

– 고등학생들이 배우는 수열에 대해 미리 공부해 봅니다.

두 번째 수업_등차수열

등차수열에 대해 알아봅니다.

등차수열의 일반항과 공차를 알아봅니다.

가우스가 사용한 등차수열의 합을 알아봅니다.

• 선수 학습

– 등차수열 : 각 항이 그 앞의 항에 일정한 수를 더한 것으로 이루어진 수열.

– 공차 : 등차수열에서 더하는 일정한 수.

– 일반항 : 수열의 임의의 n번째 항.

• 공부 방법

– 등차수열의 일반항

첫째항이 a, 공차가 d인 등차수열 $\{a_n\}$의 일반항은

$a_n=a+(n-1)d$입니다.

– 등차수열의 합

$\frac{\text{항의 개수}\times(\text{첫째항}+\text{끝항})}{2}$

• 관련 교과 단원 및 내용

– 고등학교 때 배우는 등차수열에 대해 배웁니다.

세 번째 수업_조화수열

조화수열에 대해 배웁니다.

등차중항과 조화중항에 대해 알아봅니다.

• 선수 학습

– 조화수열 : 등차수열의 항을 모두 역수로 만들어 늘어놓은 수열.

– 등차중항 : 등차수열의 인접한 세 수를 뽑으면, 가운데 수는 좌우 두 수의 합을 2로 나눈 것과 같습니다.

– 조화중항 : 조화수열의 역수로 등차중항을 적용한 것.

• 공부 방법

– 조화수열의 해법

· 조화수열의 항을 역수로 하여 등차수열을 만듭니다.

· 첫째항, 공차를 구해서 등차수열의 일반항을 구합니다.

· 구하고자 하는 항을 계산합니다.

· 다시 역수로 하여 조화수열로 바꿉니다.

– 등차중항

세 수 a, b, c가 이 순서로 등차수열을 이룰 때, b를 a와 c의 등차중항이라고 하고, 다음이 성립합니다.

$$2b=a+c \Leftrightarrow b=\frac{a+c}{2}$$

– 조화중항

연속된 세 개의 수 a, b, c가 조화수열을 이루고 있다고 할 때, 다음의 식을 만족합니다.

$$\frac{2}{b}=\frac{1}{a}+\frac{1}{c}$$

• 관련 교과 단원 및 내용

– 고등학교 때 배우는 조화수열에 대해 배웁니다.

네 번째 수업_등비수열

등비수열의 일반항을 알아봅니다.

등비중항에 대해서도 알아봅니다.

• 선수 학습

– 등비수열 : 같은 수를 계속 곱하여 만드는 수열.

– 공비 : 등비수열에서 곱하는 일정한 수.

– 등비중항 : 등비수열의 인접한 세 수를 뽑으면 가운데 수는 좌우 두 수 곱의 제곱근과 같습니다.

• 공부 방법

– 등비수열의 해법

· 공비를 구합니다.

· 첫째항을 구합니다.

· 일반항을 완성합니다.

· 문제가 요구하는 답을 계산합니다.

– 등비수열의 특징

a_1, a_2, a_3, a_4, …, a_n, …이 첫째항 a_1에서 시작하여 차례로 일정한 수 r을 곱하여 얻은 수열일 때, 이 수열을 등비수열이라 하고, r을 공비라고 합니다. 이때 r의 성질을 좀 알아보면 다음과 같습니다.

$$r=\frac{a_2}{a_1}=\frac{a_3}{a_2}= \cdots =\frac{a_{n+1}}{a_n}= \cdots$$

즉 등비수열은 $n=1, 2, 3, \cdots$에 대하여 항상 $a_{n+1}=ra_n$이 성립하는 수열입니다.

참고로 등비수열에서는 (첫째항)≠0, (공비)≠0인 것으로 정합니다.

– 세 수 a, b, c 가 이 순서로 등비수열을 이룰 때, b를 a와 c의 등비중항이라고 합니다. 이때 다음이 성립합니다.

$\frac{b}{a}=\frac{c}{b}$ ⬅ 공비, $b^2=ac$

• 관련 교과 단원 및 내용

– 고등학교 때 배우는 등비수열에 대해 공부합니다.

다섯 번째 수업_중항과 등비수열의 합

등비수열의 합에 대해 알아봅니다.

• 선수 학습

– 산술평균 : 자료 값의 총합을 자료의 총 개수로 나눈 값. 가장 널리 쓰이는 평균으로, 그냥 평균이라고 합니다.

– 기하평균 : 0보다 큰 값을 취하는 자료들의 중심 위치를 나타내는 평균의 하나. 기하평균은 각 자료 값을 모두 곱한 다음에 자료의 개수만큼 제곱근을 취하여 얻습니다.

– 조화평균 : 주어진 수들의 역수의 산술평균.

• 공부 방법

– 산술평균, 기하평균, 조화평균의 관계

$\frac{a+c}{2} \geq \sqrt{ac} \geq \frac{2ac}{a+c}$

(산술평균)≥ (기하평균)≥(조화평균)

– 등비수열 합의 공식

$r>1$이면 $S_n=\frac{a(r^n-1)}{r-1}$

$r<1$이면 $S_n=\frac{a(1-r^n)}{1-r}$

$r=1$이면 $S_n=na$

• 관련 교과 단원 및 내용

– 등비수열의 합에 대해 간략하게 배웁니다.

여섯 번째 수업_여러 가지 수열

시그마에 대해 배웁니다.

계차수열에 대해 알아봅니다.

• 선수 학습

– 시그마 : 그리스 자모의 18번째 글자. 기호로는 $\sum$로 나타냅니다. 시그마는 수학에서 합을 나타내는 기호로 쓰입니다.

– 계차수열 : 각 항 간의 차이가 이루고 있는 수열.

• 공부 방법

– 수열 $\{a_n\}$의 첫째항부터 제n항까지의 합 $a_1+a_2+a_3+\cdots+a_n$은 기호 $\sum$를 사용하여 다음과 같이 간단하게 나타냅니다.

$$a_1+a_2+a_3+\cdots+a_n=\sum_{k=1}^{n}a_k$$

– 자연수 거듭제곱의 합의 공식

$$\sum_{k=1}^{n} k = 1+2+3+\cdots+n = \frac{n(n+1)}{2}$$

$$\sum_{k=1}^{n} k^2 = 1^2+2^2+3^2+\cdots+n^2 = \frac{n(n+1)(2n+1)}{6}$$

$$\sum_{k=1}^{n} k^3 = 1^3+2^3+3^3+\cdots+n^3 = \left\{\frac{n(n+1)}{2}\right\}^2$$

– 일반적으로 수열 $a_1,\ a_2,\ a_3, a_4,\ a_5,\ \cdots$ 에서 이웃하는 두 항의 차

$b_1=a_2-a_1,\ b_2=a_3-a_2,\ \cdots$

를 계차라 하고, 이들 계차 $b_1,\ b_2,\ b_3,\ \cdots$으로 이루어진 수열 $\{b_n\}$을 처음 수열 $\{a_n\}$의 계차수열이라 합니다.

• 관련 교과 단원 및 내용

– 고등학교 수학의 시그마와 계차수열에 대해 약간 맛봅니다.

일곱 번째 수업_수열로 통한다

수열의 활용을 알아봅니다.

• 선수 학습

– 피보나치 : 이탈리아 수학자. 인도-아리비아 숫자 체계를 서유럽에 도입하는 데 크게 기여하였습니다. 또한 오늘날 피보나치수열이라고 하는 독특한 수열의 창안자이기도 합니다.

– 피타고라스학파 : 피타고라스가 이탈리아의 크로톤에 살면서 그 도시의 귀족들을 중심으로 만든 학파.

• 공부 방법

– $3(1^2+2^2+3^2+\cdots+n^2)=n(n+1)(n+\frac{1}{2})$

➡ $1^2+2^2+3^2+\cdots+n^2=\dfrac{n(n+1)(2n+1)}{6}$

– 자연수의 합을 구하는 공식

$\dfrac{n(n+1)}{2}$

• 관련 교과 단원 및 내용

– 피보나치수열에 대해 공부합니다.

P
MILK

피타고라스를 소개합니다

Pythagoras (B.C. 580?~B.C. 500?)

나는 수학자mathematician들에게 산술과 기하를 강조하여

'mathematician' 이 수를 연구하는 학자,

즉 '수학자' 라는 의미를 가지게 되었습니다.

나의 가장 중요한 업적이라면

'피타고라스의 정리' 를 처음으로 증명해 내었다는 것과

'무리수' 를 발견해 내었다는 것입니다.

피타고라스의 정리는 사상 최초의 '증명' 이었습니다.

즉 나는 논리적 증명이라는 개념을 처음으로 도입하여

기술에 가까웠던 산술이나 측량술을 수학의 차원으로 끌어올렸습니다.

그래서 나를 '수학의 아버지' 라고 부르지요.

여러분에게 아는 수학자 이름을 대라고 하면 많은 학생들이 내 이름을 말할 것입니다. 그렇습니다. 나는 피타고라스입니다. 사람들은 나를 역사상 최초의 수학자라고 합니다.

나는 사모스 섬에서 태어났습니다. 수학의 대가인 나에게도 세 명의 스승이 있었습니다.

첫 번째 스승의 함자는 탈자, 레자, 스자입니다. 한국식으로 이름 한자 한자에 '자' 자를 붙이니까 무슨 말인지 이해하기 힘들지요? '자'를 빼고 말하면 탈레스입니다. 공부 좀 하는 친구들은 이분의 이름을 들어 봤을 겁니다.

나머지는 두 분은 페레카이즈와 탈레스의 제자인 아낙시만드

로스입니다. 탈레스 스승님은 늙으셔서 나를 많이 가르쳐 주진 못했지만 내가 수학, 천문학 등에 관심을 갖도록 지도해 주셨고, 이집트 여행을 떠나도록 도움을 주셨습니다.

나는 수의 연산, 즉 더하기, 빼기, 곱하기, 나누기 등을 탈레스 스승님으로부터 배웠습니다. 물론 여러분도 학교 선생님이나 엄마, 기타 학원 선생님에게 배웠지요?

나는 세상의 여러 나라를 돌아다니며 견문을 넓힌 후, 이탈리아 남부에 있는 크로토나의 그리스에 학교를 세웠습니다. 요즘 말하는 학원과는 차이가 좀 있지요.

내가 처음 학생들을 가르치려고 했을 때, 경험도 부족하고 명성도 없는 나에게 지도를 받으려는 학생들이 전혀 없었습니다. 하지만 나는 학생들을 무척 가르치고 싶었지요. 그래서 나는 한 어린 학생에게 돈을 주고 내 학생이 되어줄 것을 부탁했습니다. 개인 과외 선생님부터 출발한 것이지요. 내가 오히려 돈을 주고 가르쳤으니 불법과외가 아닙니다.

하지만 얼마 후, 나는 돈이 떨어져 그 학생을 가르칠 수 없었답니다. 그러자 그 학생은 자기가 받은 돈을 나에게 주면서 계속 배우겠다고 했습니다. 그렇게 나의 첫 가르침이 시작된 것입니다.

세월이 흘러 나의 명성이 높아졌고, 나는 마침내 '피타고라스 학파' 라는 간판을 걸고 학교를 만들었습니다. 우리 학교는 남녀 공학이 아닙니다. 남학생만 받았지요. 여학생도 있었지만 정식 구성원이 아니었답니다. 나중에 그 여학생은 나의 아내가 되었지요.

나의 학교는 스파르타 기숙 학원과 같은 엄격한 규율을 자랑합니다. 입학생은 처음 5년간 말을 하지 못합니다. 그냥 내 수업을 듣고, 관찰하고, 생각만 해야 하지요. 질문은 5년 후에나 할 수 있습니다.

나는 사람이 죽으면 다른 동물로 환생한다고 생각했습니다. 그래서 나에게 배우는 모든 학생들에게 채식을 하도록 하고, 동물에게 친절하게 대하도록 했습니다. 개가 오줌을 누려고 하면 다리를 들어주기도 했지요. 하하, 지나친 농담이군요.

또한 나는 수탉을 만지지 못하도록 했습니다. 수탉은 완벽함을 상징한다고 믿었기 때문입니다. 콩도 완벽하지요. 따라서 우리학교에서는 콩을 먹지 못합니다.

그리고 몇 가지 학교 규율을 더 알려 줄게요.

· 모직물로 만든 옷을 입지 마시오.

· 고기를 먹지 마시오.

· 불을 뒤섞기 위해 쇠막대를 이용하지 마시오.

· 항아리에 재를 남기지 마시오.

금지 조항을 보니까 더 하고 싶지요? 그게 사람심리입니다. 하지만 우리학교에 입학하는 순간 위 행위는 금지입니다.

수탉을 만지지 못하기 때문에 우리학교에는 그 맛있는 후라이드 반 양념 반 치킨이 들어 올 수 없습니다. 밤에 몰래 시켜먹다가는 바로 퇴학입니다.

나는 세계의 근원을 '수數' 라고 보았고, 모든 것이 수라는 좌우명을 가지고 있습니다.

수에 대한 나의 생각은 미신적인 부분도 있지만 내 생각을 좀 들어 보렵니까?

나는 1이 하나의 숫자일 뿐만 아니라 모든 수의 본질이라고 여겼습니다.

또한 홀수는 남성이고, 짝수는 여성입니다. 옛날에는 불길한 것을 여성으로 취급했기 때문에 짝수는 악마, 홀수는 남성적인 수로, 좋은 것에 의미를 부여했지요.

1을 제외한 홀수와 짝수의 각각 첫 번째 수2, 3의 합인 5는 결혼을 나타냅니다.

내가 유명해진 실제 수학적 업적은 따로 있습니다. 이제 내가 수를 사랑하게 된 이유를 들려주겠습니다.

나는 한 변의 길이가 4인 정사각형을 연구했습니다. 정사각형의 넓이는 4×4로 16이 됩니다. 근데 이 정사각형의 둘레 역시 4+4+4+4로 16이 됩니다. 알고 나니 별거 아니더라고요.

그럼 이번에는 문제를 하나 내겠습니다. 위와 같은 형태를 나타내는 직사각형을 말해 보세요.

조금 어렵나요? 18입니다. 18은 3×6으로 직사각형의 넓이가 됩니다. 이 직사각형의 둘레를 알아보겠습니다. 가로3+세로6+가로3+세로6는 18이 되지요? 넓이와 둘레의 길이가 같아집니다. 신기하지요.

그리고 내가 수를 사랑하게 된 또 다른 이유는 숫자 10 때문입니다. 이 수는 1, 2, 3, 4를 다 더하면 만들어집니다. 그래서 나는 이 수를 신성시하지요. 이렇게 수들은 나를 매료시킵니다. 아이 러브 수~우~. 그래서 나는 수들을 아끼고 사랑하며 연구하기 시작했습니다.

또 나는 각 수들의 약수들의 합을 연구했습니다. 그래서 내가 발견해 낸 것을 완전수, 초월수, 부족수로 분류했습니다. 가령 숫자 6을 예로 들어 보겠습니다.

6의 약수는 1, 2, 3, 6인데 여기서 6은 빼고 나머지 약수 1, 2, 3을 다 더하면 6이 됩니다. 이런 수를 완전수라고 합니다. 그래서 나는 이런 수들에 대해 조사해 보았습니다. 그 결과 완전수는 6, 28, 496, 8128 등 4개가 있었습니다.

발견 도중 12는 초월수가 된다는 것을 알았습니다. 12의 약수를 보면 1, 2, 3, 4, 6입니다. 물론 12는 빼고 말입니다.

$1+2+3+4+6=16$으로 12보다 큽니다. 이런 수를 초월수라고 합니다. 초월수는 수가 넘치는 것을 말합니다.

반면에 15라는 수의 약수 중 15를 제외한 1, 3, 5를 다 더해 보면 $1+3+5=9$입니다. 15보다 작지요. 이런 수는 부족수입니다. 정말 자신감이 부족한 수입니다.

이제 혼자만의 특성이 아니라 두 수의 관계로서 수를 살펴보겠습니다. 수들도 관계를 가진다는 것이 놀랍지 않나요? 나의 사랑스런 수들아~.

220과 284는 친구 관계인 수입니다. 보기에는 별로 공통점이 없어 보이지요? 친구는 마음으로 사귀는 것이지요. 220과 284의 속마음인 약수를 각각 찾아보겠습니다.

우선, 자기 자신을 제외한 220의 약수는 1, 2, 4, 5, 10, 11, 20, 22, 44, 55, 110입니다. 이들을 다 더해 보면 284가 됩니다. 220의 마음이 바로 284가 되는 것이지요.

이제 284의 마음인 약수를 살펴보겠습니다. 자기 자신을 제외한 284의 약수는 1, 2, 4, 71, 142입니다. 이번에도 다 더하면 220이 됩니다.

그들의 마음은 서로를 향하고 있습니다. 진정한 우정입니다. 그들은 진정한 친구 맞습니다.

나는 정수와 함께 분수에 대해서도 공부했습니다. 그 결과 음악에 정수의 비를 이용했습니다. 하프 줄 길이의 비와 정수의 비율이 관계되는 것을 알아냈지요. 내 음악을 한 번 들어 보시렵니까?

이때 주인집 아줌마가 큰 소리로 말합니다.

"하프 연주하기만 해 봐. 당장 방 빼라고 할 거야!"

나는 주인집 아줌마가 왜 그러는지 모르겠습니다.

"모르긴 왜 몰라. 동네 사람들에게 물어 봐. 그게 연주야? 소음이지."

음, 할 말이 없군요. 다른 이야기로 넘어갑시다.

이건 정말 나의 업적 중 가장 중요한 것입니다. 바로 '피타고라스의 정리' 입니다.

피타고라스의 정리는 $\angle C=90°$인 $\triangle ABC$에서 직각을 낀 두 변의 길이를 각각 a, b라 하고, 빗변의 길이를 c라 하면 $a^2+b^2=c^2$이 되는 정리입니다. 이런 규칙을 갖는 수 3, 4, 5 / 6, 8, 10 / 5, 12, 13 / 7, 24, 25 / 8, 15, 17을 피타고라스의 수라고 한답니다.

내가 먼저 발견할걸, 하면서 부러워하는 친구도 있을 겁니다. 하지만 직각삼각형에 관한 이 정리를 처음 발견한 것은 내가 아닙니다. 이미 이 정리는 오래전에 있었던 것이지요. 다만 내가 이것을 처음으로 증명했기 때문에 유명해진 것입니다. 여러분도 공부를 할 때 습관적으로 하지 말고 좀 더 창의적으로 생각하는 연습을 한다면 놀라운 결과가 생길 것입니다.

이제부터 내가 여러분에게 들려줄 이야기는 수열에 관한 것입니다.

그런데 오늘부터 나에게 배우기로 한 학생이 좀 늦는 것 같군요. 아, 저기 오는 것 같습니다. 예쁜 여학생일 줄 알았는데 아저씨 같은 사람이군요.

"안녕하세요. 저는 슈퍼마리오입니다. 오늘부터 피타고라스 선생님께 수열에 대해 배울 학생이지요."

반가워요. 자, 그럼 이제부터 수열의 세계로 떠나 봅시다.

내가 수학을 가르쳐 줄게.
저는 수학을 배울 돈이 없습니다.
나에게 수학을 배우면 돈을 주겠네.
정말요? 그럼 배울게요.
몇년 후
이젠 돈이 다 떨어져서 더 이상 너를 가르칠 수가 없구나.
선생님이 저에게 주신 돈이 있잖아요.
이제는 제가 선생님께 돈을 드릴게요.
내 명성은 점점 높아져 갔고, 유명한 수학선생님이 되었습니다.
피타고라스학파
와아
피타고라스 선생님이다.

피타고라스학파엔 온갖 까다로운 규칙이 있었습니다.
입학생은 처음 5년간 말을 하면 안 된다.
질문이요!
질문도 하지 마! 듣기만 해.
사람이 죽으면 다른 동물로 환생한다. 그러므로 채식을 해라.
수탉은 완벽한 동물이다. 만지지 마라.
음식 중에선 콩을 절대 먹지 말 것.
그리고 그 이외에도 어쩌고 저쩌고…….

만물의 근원은 수입니다. 수에는 아주 재밌는 성질들이 많습니다. 완전수, 초월수, 부족수를 볼까요?
6의 약수 중 6을 빼고 나머지 약수 1, 2, 3을 다 더하면 자신인 6이 됩니다. 이런 수는 완전수입니다.
자신을 제외한 약수 모두를 더해 자신보다 큰 수는 초월수,
적으면 부족수입니다.
내 약수의 합은 284이야.
내 약수의 합은 220야.
220, 284처럼 사이가 좋은 수는 우애수죠.
물론 '피타고라스' 하면 가장 먼저 떠오르는 건 피타고라스의 정리입니다. $a^2+b^2=c^2$
가장 유명한 수학자 피타고라스와 함께 흥미진진한 수열의 세계로 떠나 봅시다.

1교시

수열이란?

수열의 개념과 수열의 규칙성을 찾는 방법에 대해 배웁니다.

첫 번째 학습 목표

1. 수열이란 무엇인지 알아봅니다.
2. 수열의 규칙성을 찾아 봅니다.

미리 알면 좋아요

1. **수열** 일정한 관계를 가진 수나 기호로 나열한 것. 이때 나열한 수나 기호를 항이라고 합니다. 수열은 정의역이 자연수의 집합인 함수입니다.

2. **유한수열** 항의 개수가 유한개인 수열.
   무한수열 항이 무한히 많은 수열.

3. **역수** 0이 아닌 어떤 수 a에 대하여 1을 그 수로 나눈 수. $\frac{1}{a}$을 a의 역수라 합니다. a가 분수일 때, 그 역수는 분자와 분모를 교환한 것이 됩니다. 예를 들어 $\frac{3}{4}$의 역수는 $\frac{4}{3}$가 됩니다.

피타고라스는 슈퍼마리오에게 수열에 대해 이야기합니다. 그런데 슈퍼마리오는 잠시도 제자리에 가만히 있지 않습니다. 폴짝폴짝 뜁니다. 정신이 산만해서 집중이 안 됩니다.

▨ 수열의 뜻

1에서 시작하여 차례로 2를 더하여 얻어지는 수를 한번 나열해 보겠습니다.

1, 3, 5, 7, 9, ⋯

이때 슈퍼마리오가 폴짝 폴짝 뛰면서 말합니다.

"그거 홀수다. 호~올 수."

그렇습니다. 이와 같이 어떤 규칙에 따라 차례로 나열된 수의 나열을 수열이라고 합니다. 이때 나열된 각 수 하나하나를 수열의 항이라고 부릅니다.

이때 슈퍼마리오가 DDR처럼 생긴 판을 하나 들고 와서 깔아 놓고 폴짝 폴짝 뜁니다.

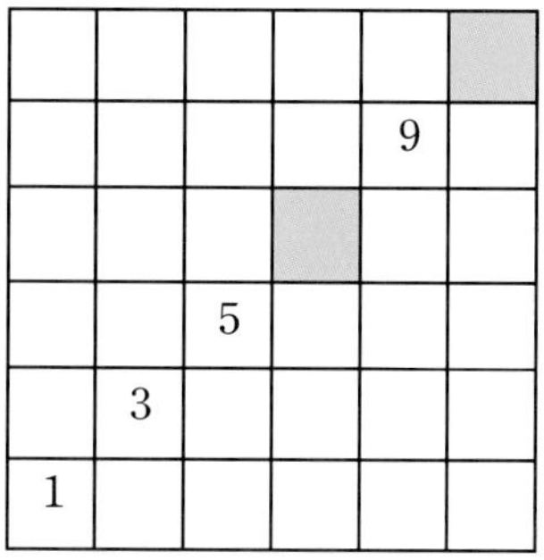

<table>
<tr><td></td><td></td><td></td><td></td><td></td><td></td></tr>
<tr><td></td><td></td><td></td><td></td><td>9</td><td></td></tr>
<tr><td></td><td></td><td></td><td></td><td></td><td></td></tr>
<tr><td></td><td></td><td>5</td><td></td><td></td><td></td></tr>
<tr><td></td><td>3</td><td></td><td></td><td></td><td></td></tr>
<tr><td>1</td><td></td><td></td><td></td><td></td><td></td></tr>
</table>

슈퍼마리오가 대각선으로 폴짝 폴짝 뛰고 있네요. 앞에서 이야기했듯이 이 수열은 홀수라는 수열입니다. 2씩 레벨이 증가하지요. 그림에서 보면 1에서 3으로 갈 때 칸이 두 개 늘어났지요? 3에서 5로 갈 때 또다시 두 칸이 늘어납니다. 나는 이 DDR을 수열 DDR이라고 부르고 싶네요. 고등학생이 되어 수열을 배울 때 수열 DDR을 보게 될 것입니다.

슈퍼마리오는 다시 1, 3, 5, 7, 9, 11, 13, 15, 17, 19, … 위를 뛰어다니며 말합니다.

"1에서 +2, 그래서 3, 3에서 +2, 그래서 5, 자꾸 자꾸 +2, 똑같이 +2, 이건 재미난 +2 수열이네. 폴짝 +2, 또 폴짝 +2."

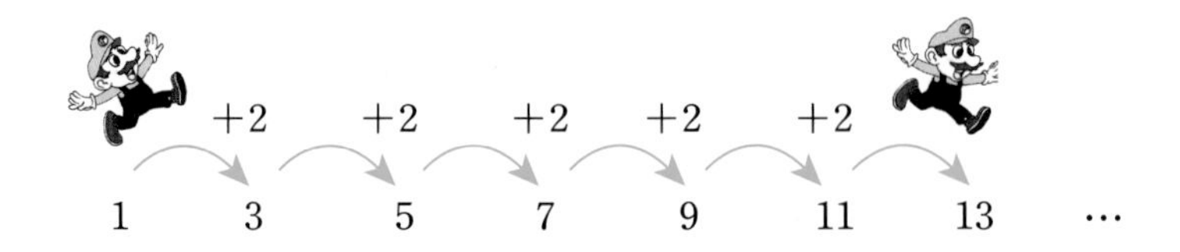

슈퍼마리오가 뛰는 것을 보니 나도 동심으로 돌아가서 해 보고 싶지만 지난 여름에 장독을 들다가 허리를 삔 이후로 뛰기가 겁이 나네요. 피타고라스 체면도 있고 하니 참아 보지요.

이제 슈퍼마리오는 2, 4, 6, 8, 10, 12, 14, 16, 18, 20, … 위로 또 재미나게 뛰어 다닙니다.

"+2, +2, +2, …."

아, 나도 정말 뛰고 싶습니다.

지금 슈퍼마리오가 뛴 수열은 짝수를 나타내는 수열입니다. 허리디스크에도 불구하고 정말 뛰고 싶은 열정을 참지 못하고 나도 1, 2, 3, 4, 5, 6, 7, 8, 9, 10, 11, … 한 칸씩 한 칸씩 걷습니다. 내가 움직이는 한 칸 한 칸의 수들도 수열입니다. 자연수를 나타내는 수열이지요. 자연수는 1씩 커지는 수열입니다. 허리디스크나 관절염이 있는 사람이 표현하기 좋은 수열이지요.

슈퍼마리오는 이제 3, 6, 9, 12, 15, 18, 21, 24, …처럼 +3씩 3의 배수를 나타내는 수열 점프를 해 댑니다.

나도 올 겨울에는 재활치료를 받아야겠습니다.

이제 수열이 뭔지 대충은 감이 잡히지요? 슈퍼마리오처럼 폴짝폴짝 까불면서 뛰어 다니는 것이 수열입니다.

수열을 일반적으로 생각할 때는 다음과 같이 나타냅니다.

$a_1, a_2, a_3, a_4, \cdots, a_n, \cdots$

위에서 a_1을 첫째항, a_2를 둘째항이라고 합니다. a 밑에 깔려 죽을 듯이 작게 쓴 글씨가 항의 순서를 나타냅니다.

그럼 a_n은 수열의 n번째 항이 되는 겁니다. 읽을 때는 뭐라 읽을까요?

"에잇! 엔."

하하, 슈퍼마리오가 뛰면서 대답하는 바람에 '에이 엔'이 그렇게 들린 겁니다. 다시 물어볼까요? 슈퍼마리오, a_1을 읽어 보세요.

슈퍼마리오가 폴짝 뛰면서 대답합니다.

"에잇! 원."

그렇습니다. 슈퍼마리오가 말하는 것은 '에이 원' 이라는 말입니다. a_2는 '에이 투' 라고 읽습니다. 그냥 그대로 읽어 주면 됩니다. 어렵지 않지요.

수열은 쉽다고 생각하고 접근하면 쉽고, 어렵다고 생각하고 접근하면 상당히 어려워지는 단원입니다. 무슨 일이든 그것을 대하는 태도가 중요하다는 말입니다.

우리 학생들을 위해 되도록 쉽게 접근하겠습니다. 앞에서 수열을 일반적으로 $a_1, a_2, a_3, a_4, \cdots, a_n, \cdots$으로 나타낸다고 했지요? 하지만 말을 할 때마다 이렇게 긴 표현을 쓰기에는 상당히 번거롭습니다. 그래서 이 긴 표현을 간단히 나타내는 방법을 내가, 아닌 수학자들이 만들어 냈습니다. 구경해 보세요.

$\{a_n\}$

양쪽에 화살 같은 기호, 중괄호 기호지요. 두 개가 양쪽에서 a_n을 화살로 보호하듯이 감싸고 있습니다. 이것 하나면 a_1, a_2, a_3, a_4, $\cdots$, a_n, $\cdots$을 나타낼 수 있습니다. 강력한 표현이지요. 참고로 a_n을 자연수 n에 대하여 제 n항이라고 하고, 일반항이라고 부릅니다.

다음 수를 보고 머리가 찡하도록 생각해 보세요.

1, 3, 9, 27, 81, $\cdots$

도대체 뭘 더해서 만든 수열일까요? 아무리 생각해도 답이 없나요? 당연히 답이 없지요. 이 수열은 더해서 만드는 것이 아니라 곱해서 나타내야 하는 거니까요.

"윽, 곱해서도 수열을 만들 수 있구나."

당연히 곱해서도 수열을 만들 수 있습니다. 1, 3, 9, 27, 81, $\cdots$은 1부터 차례로 3을 곱하여 늘어놓은 것입니다.

수열의 각 항은 앞에서부터 순서대로 제1항, 제2항, 제3항, …, 제n항, …이라고 합니다. 특히 제1항은 첫째항이라고 부릅니다. 나이가 많은 분들은 첫째항을 초항이라고 말하기도 하지요.

"제1항, 제2항, 제3항, … , 제n항, …이나 a_1, a_2, a_3, a_4, …, a_n, …이나 실제 뛰어 보니 같아요."

맞습니다. 같은 말입니다. 말을 기호로 나타냈을 뿐입니다.

수열은 끝이 있고 없음에 따라 유한수열과 무한수열로 나눌 수 있습니다. 15의 약수를 크기순으로 나열하면 수열 1, 3, 5, 15가 되는데, 이와 같이 유한개의 항으로 이루어진 수열을 유한수열이라 합니다. 유한수열에서 항의 개수를 항수, 마지막 항을 끝항이라고 합니다.

한편 3의 배수를 크기순으로 나열하면 수열 3, 6, 9, 12, …가 되는데, 이와 같이 항이 무한히 많은 수열을 무한수열이라고 합니다. 무한도전이라는 말은 끝이 없는 도전이라는 말이지요? 수열이 끝이 없을 때 무한수열이라고 합니다.

정리해 보면 유한개의 항으로 이루어진 수열은 유한수열이고, 무한히 많은 항으로 이루어진 수열은 무한수열입니다. 더 확실한 기준으로 말하면 끝이 있으면 유한수열이고 끝이 없으면 무한수열입니다. 보통 수열이라 하면 무한수열을 뜻합니다.

초등 경시 문제에 자주 등장하는 문제를 한 번 다루어 보도록 하겠습니다.

문제

수열 1, 4, 9, 16, 25, …의 일반항을 구하시오.

보통 초등 문제에서는 "100번째로 나오는 수는 무엇일까요?" 하고 묻지요.

1	2×2	3×3	4×4	5×5	…
1^2	2^2	3^2	4^2	5^2	…
첫 번째 항	두 번째 항	세 번째 항	네 번째 항	다섯 번째 항	…

이 문제를 풀기 위해서는 수열이 갖는 규칙을 찾아보아야 합니다. 앞의 그림에서 한 번 찾아보도록 합시다.

슈퍼마리오가 그림의 특징을 잘 보고 나서 폴짝 폴짝 뛰면서 말합니다.

"첫째는 1의 제곱, 둘째는 2의 제곱, 그래서 일반항은 n번째이니까 n^2이 되는구나."

그렇습니다. 슈퍼마리오가 구한 것이 일반항입니다.

그럼, 이제 100번째 항을 찾아볼까요?

100^2이 됩니다. 수열은 규칙을 찾고 일반항을 찾아 구하고자 하는 번째의 수를 대입하여 나타내면 끝입니다.

그래서 일반항이 주어지면 어떤 번째의 항도 쉽게 구할 수 있습니다.

예를 들어 1, 7, 13, 19, …라는 수열이 있습니다.

이 수열은 첫째항이 1이고 6씩 더하는 수열입니다. 이것은 슈퍼마리오가 직접 수와 수 사이를 뛰어 보고 찾은 결론입니다.

이럴 때 제 5항부터 제 9항까지의 항을 구해 봅시다. 19에다 더하기 6을 하면 25, 그 다음은 차례로 31, 37, 43, 49가 됩니다. 이웃하는 항 사이의 관계를 이용하여 수열의 규칙성을 찾을 수 있습니다. 하나 더 해 보겠습니다.

2, −2, 2, −2, …로 나열된 수열이 있습니다. 첫째항이 2이고 −1씩 곱하는 수열입니다.

슈퍼마리오가 수열을 알아내겠다면서 2에서 −2로 폴짝 뛰고, 다시 뒤로 2로 폴짝 뛰고 다시 앞으로 −2로 폴짝 뛰고 정신이 없습니다.

그렇습니다. 어떤 수에 (−)가 곱해지면 방향이 반대가 됩니다. 앞뒤로 폴짝대는 수열입니다.

이제 여러분들이 싫어하는 분수로 만들어진 수열을 살펴보겠습니다. 어릴 때 분수대에서 노는 것은 정말 신나는 일이었는데 수학에서 분수를 만나니 정말 짜증 지대로지요.

분수로 만든 수열을 봅시다.

$$\frac{1}{2}, \frac{2}{3}, \frac{3}{4}, \frac{4}{5}, \cdots$$

호랑이에게 물려가도 정신만 차리면 산다고 했지요? 정신을 차리고 분수로 된 수열을 봅시다.

분모는 첫째항이 2이고 1씩 더하는 수열이고, 분자는 첫째항이 1이고 1씩 더하는 수열입니다. 알고 보니 호랑이가 무서워한다는 곶감보다 무섭지 않네요.

그 다음 항들은 다음과 같이 전개될 것으로 예상할 수 있습니다.

$$\frac{5}{6}, \frac{6}{7}, \frac{7}{8}, \frac{8}{9}, \cdots$$

앞에서 알아본 수열을 정리해 봅시다.

정리한다는 말에 슈퍼마리오가 청소를 하는 줄 알고 빗자루와 쓰레받기를 들고 옵니다.

그런 정리가 아닙니다. 잘 보세요.

중요 포인트

수열의 규칙성을 찾는 방법

- 이웃하는 항 사이의 차를 알아본다. 뒤항 빼기 앞항을 해 본다는 소리입니다.
- 이웃하는 항 사이의 비를 알아본다. 뒤항 나누기 앞항을 해 본다는 소리입니다.
- 각 항이 어떤 수의 제곱 또는 세제곱이 되는지 알아본다.
- 각 항의 역수분모와 분자를 뒤집는 것를 만들어 보면서 알아본다.
- 분수인 수열은 분자, 분모를 따로 규칙성을 알아본다.

이러한 수열은 아이큐 검사에서 문제로 등장하기도 합니다. 슈퍼마리오는 아이큐가 얼마나 되나요?

"선생님보다 높으니까 물어보지 마세요."

하하, 슈퍼마리오는 아이큐가 낮은가 봅니다.

이러한 수열은 함수와도 연관이 있습니다. 이것에 대해 정리해 보고 이번 수업을 마치려고 합니다.

무한히 계속되는 1, 3, 5, 7, …의 각 항에 차례로 자연수를 대응시키면 다음과 같이 나타낼 수 있습니다.

자연수 :	1,	2,	3,	4,	…	n,	…
	⇓	⇓	⇓	⇓		⇓	
수 열 :	1,	3,	5,	7,	…	$2n-1$	…

수열이 자연수에 하나씩 하나씩 연결되어 있지요? 그리고 갑자기 어디서 놀다가 나타났는지 $2n-1$이 있습니다. 이 녀석이 함수와 같은 역할을 합니다. 함수라는 것은 정의역에 따라여기서 정의역은 자연수를 말합니다. 자연수 하나 하나가 나오게 하는 기능을 말합니다. 이 수열에서는 그 기능을 $2n-1$이 합니다.

$n=1$일 때, $2n-1$에 대입하면 $2\times1-1=1$이 됩니다. 여기까지 보면 짐작이 안 될 겁니다.

$n=2$일 때, $2n-1$에 대입하면 $2\times2-1=3$이 됩니다. 조금 알겠나요?

$n=3$일 때, $2n-1$의 n자리에 3을 대입하면 $2\times3-1=5$입니다.

보세요. 이제는 이해해야 합니다. $2n-1$에 자연수를 차례로 대입하니까 $1, 3, 5, 7, \cdots, 2n-1, \cdots$ 이렇게 나오게 되지요. 이러한 수학적 관계를 함수라고 할 수 있습니다.

그래서 수열은 함수와도 먼 친척뻘이 되는 겁니다.

다음 시간에는 본격적으로 수열에 대해 알아봅시다.

첫번째
수업 정리

1 수열을 일반적으로 생각할 때는

$a_1, a_2, a_3, a_4 \cdots, a_n \cdots$과 같이 나타냅니다.

2 수열의 규칙성을 찾는 방법

• 이웃하는 항 사이의 차를 알아봅니다. 즉 뒤항 빼기 앞항을 해 봅니다.

• 이웃하는 항 사이의 비를 알아봅니다. 즉 뒤항 나누기 앞항을 해 봅니다.

• 각 항이 어떤 수의 제곱 또는 세제곱이 되는지 알아봅니다.

• 각 항의 역수분모와 분자를 뒤집는 것를 만들어 보면서 알아봅니다.

• 분수인 수열은 분자, 분모를 따로 규칙성을 알아봅니다.

등차수열

등차수열의 일반항과 공차를 알아보고,
가우스가 사용한 등차수열의 합을 알아봅니다.

두 번째 학습 목표

1. 등차수열에 대해 알아봅니다.
2. 등차수열의 일반항과 공차를 알아봅니다.
3. 가우스가 사용한 등차수열의 합을 알아봅니다.

미리 알면 좋아요

1. 등차수열 각 항이 그 앞의 항에 일정한 수를 더한 것으로 이루어진 수열.

2. 공차 등차수열에서 더하는 일정한 수.

3. 일반항 수열의 임의의 n번째 항.

이번 수업은 슈퍼마리오와 함께 등차수열에 대해 배워 보겠습니다.

등차수열이란 같은 차이로 만들어진 수열이라는 한자어입니다. 다시 말하면 시작에서부터 같은 수를 계속 더하거나 빼면서 만들 수 있다는 뜻입니다.

앞에서 수열에 대한 설명을 좀 했으니까 감이 서서히 오지요?

등차수열은 일정한 수를 계속해서 더해 나가는데, 이 일정한 수를 공차라고 합니다.

첫째항 5에 차례로 3을 더하여 만들어지는 5, 8, 11, 14, 17, …과 같은 등차수열이 있습니다. 5에 3이 더해져서 8, 8에 다시 3이 더해져서 11, 공차는 3입니다.

슈퍼마리오가 공차 3을 마치 공 차듯이 뻥뻥 차면서 계속 더해 갑니다.

이처럼 일정하게 더하거나 빼는 수를 공차라고 부릅니다.

옆집 할머니가 시끄럽다면서 공을 차려면 운동장에서 차라고 나무랍니다.

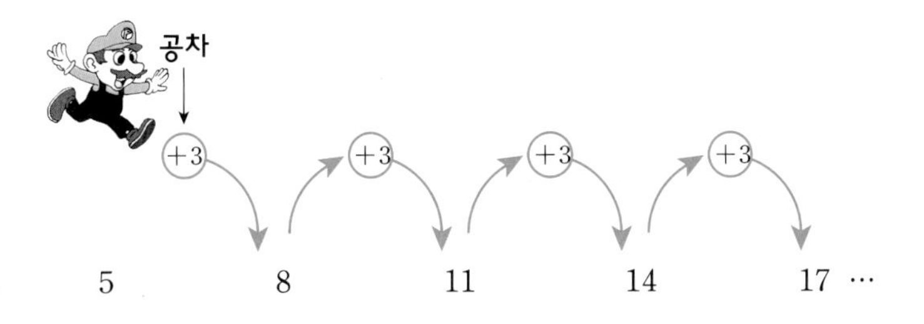

슈퍼마리오가 정말 신나게 공 차고 있네요. 나도 허리디스크만 없다면 슈퍼마리오와 함께 신나게 공 차며 공차를 구하고 싶습니다.

이제 첫째항 10에서 시작하여 차례로 4를 빼는 수열을 알아볼까요?

10, 6, 2, -2, -6, …

계속해서 끝이 없이 만들 수 있습니다. 이 수열의 끝을 보기 위해 자지도 않고 써 내려가다가 결국 손목이 부러진 친구도 있습니다.

이제 화가에게 부탁해 등차수열을 그려 보고 다시 설명을 좀 하겠습니다.

피타고라스가 화가에게 부탁을 합니다.

첫째항부터 넷째항까지의 합을 구하는 방법을 그려 주세요. 물론 동양화를 그리는 방식으로 아주 단아하게, 그리고 여백의 미를 최대한 살리면서 그려 주세요.

1, 3, 5, 7, 9, … 등차수열의 넷째항까지 더하는 그림, 화끈한 붓놀림을 기대합니다.

화가는 $1+3+5+7=4^2$이라고 잠시 생각을 하더니 이것을 그림으로 표현합니다.

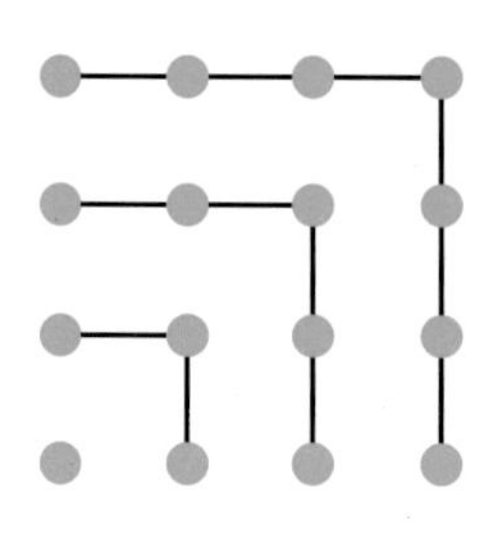

그림이 시시하다고요? 모르는 소리하지 마세요. 보기에는 간단해도 피카소 작품과 어깨를 나란히 할 만한 작품이라고 말한 사람이 있어요. 바로 우리 옆집 아저씨이지요.

그렇다면 다음 작품을 좀 감상해 볼까요?

다음 작품의 주제는 2, 4, 6, 8, 10, …으로 첫째항부터 넷째항까지의 합을 구하는 방법입니다.

화가는 잠시 생각을 합니다. '$2+4+6+8=4\times5$'

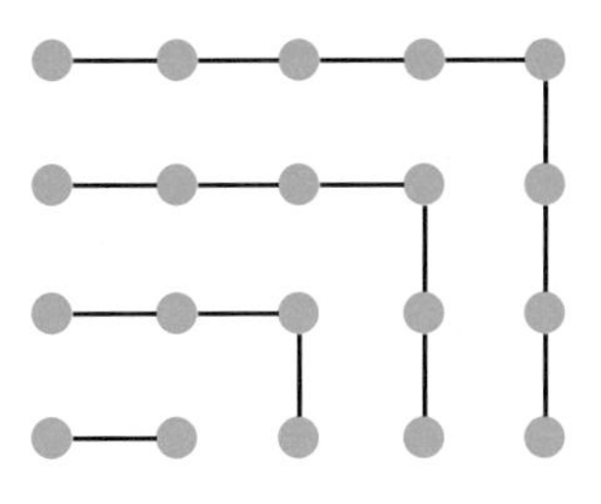

역시 깊이가 느껴지는 작품이네요.

이제 등차수열의 공차를 찾아내는 게임을 한번 해 보겠습니다. 다음 등차수열을 보고 공차를 찾아보세요.

앗, 차가워.

슈퍼마리오가 나의 등에 차가운 얼음을 넣었습니다. 아, 등 차가워. 등차수열임을 가르쳐 주기 위해 장난을 쳤다고 하네요. 슈퍼마리오는 저 멀리 가서 공이나 차세요. 공 차.

2, 5, 8, 11, 14, 17, …에서 공차를 구해 보겠습니다. 이웃한 두 항, 1항과 2항에서 2항 빼기 1항을 해 보겠습니다.

5−2=3으로 공차는 3입니다. 확인 작업 들어갑니다.

4항 빼기 3항은 11−8=3으로 공차가 3인 것을 확인했습니다. 수고했습니다. 잠시 공 차고 있으세요. 우리는 생각을 좀 해 봅시다.

두 항의 간격이 일정한 수로 나타나는 것을 공차라고 하면 되지요. 그래서 이 경우의 공차는 3이 되는 것이고요. 그런데 공차를 구할 때 반드시 이웃하는 항의 차이가 되어야 합니다. 3항 빼기 1항처럼 한 칸 떨어진 항을 빼서는 안 됩니다.

그럼, 여기서 돌발 퀴즈! 다음과 같은 수열이 있습니다.

2, 2, 2, 2, 2, …

앗! 생각이 2.4 강도의 지진으로 흔들립니다. 이것은 수열이 맞을까요? 맞다면 공차는 얼마일까요?

자, 여기서 수학적 사고 들어갑니다. 공차는 이웃한 두 항을 빼는 것이라고 약속했습니다. 약속 이행합니다.

2－2＝0으로 나왔습니다. 공차로 0이 가능할까요?

0을 무시하지 마세요. 0도 살아 숨 쉬는 숫자입니다. 그래서 공차의 0은 인정됩니다.

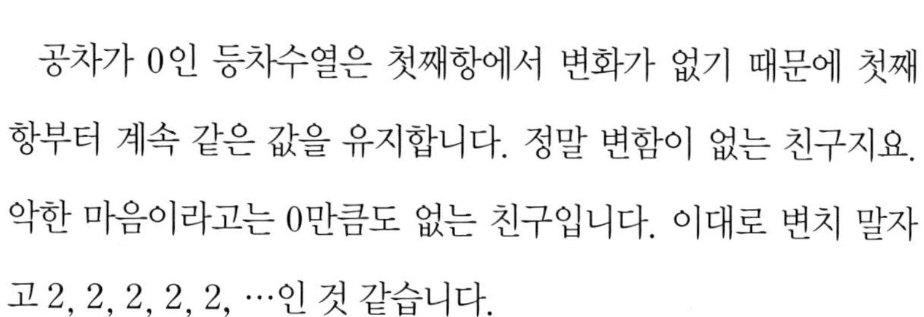

공차가 0인 등차수열은 첫째항에서 변화가 없기 때문에 첫째항부터 계속 같은 값을 유지합니다. 정말 변함이 없는 친구지요. 악한 마음이라고는 0만큼도 없는 친구입니다. 이대로 변치 말자고 2, 2, 2, 2, 2, …인 것 같습니다.

눈빛만 봐도 알 수가 있다는 말이 있지요? 그럼, 이번에는 등차수열의 몇 마디만 듣고 우리 친구가 뭘 말하는지 아는 관계를 살펴보겠습니다.

첫째항이 7, 공차가 −2

한 줄도 안 되는 이 말로 우리는 어떤 수들의 나열인지를 바로 알 수 있습니다.

7, 5, 3, 1, −1, −3, −5,

긴말 필요 없어 편집 기호를 찾아 붙이겠습니다. '…' 기호를 붙여도 됩니다. 알아들었으니까요. 더 이상 나타내지 말고 말줄임표를 붙이라는 소리입니다.

7, 5, 3, 1, −1, −3, −5, …

그렇습니다. 긴 숫자를 단지 몇 마디 말로 알아들을 수 있는 사이가 되어 봅시다. 우리 등차수열이랑 영원히 친하게 지내세요. 고등학교 2학년이 되어 만나면 즐거울 거예요.

'有朋유붕이 自原方來자원방래면 不亦樂乎불역락호라.' 이 말은 멀리 있는 친구가 나를 찾아와 주니 기쁘다는 뜻입니다. 이렇게 등차수열과 친하게 지내보자는 말입니다.

슈퍼마리오가 폴짝 폴짝 뛰면서 피타고라스에게 다가와 다음과 같은 쪽지를 건넵니다. 생명을 올리는 버섯이라면서 설명해 달라고 합니다.

중요 포인트

등차수열의 일반항

첫째항이 a, 공차가 d인 등차수열 $\{a_n\}$의 일반항은

$$a_n=a+(n-1)d$$

슈퍼마리오의 생명을 연장하기 위해 슈퍼마리오가 들고 온 버섯의 암호를 풀어 주겠습니다.

첫째항이 a, 공차가 d인 등차수열 $\{a_n\}$의 각 항을 운동장에서 조회할 때 줄을 세우듯이 나열해 보겠습니다.

$a_1 = a = a + 0 \times d$

처음에는 공차가 없으니 이렇게 나타내면 됩니다.

"그럼 a_2는요?"

슈퍼마리오, 질문하지 마세요. 보면서 느끼세요. 등차수열을 온몸으로 느껴야 합니다.

$a_2 = a_1 + d = a + 1 \times d$

$a_3 = a_2 + d = (a + d) + d = a + 2 \times d$

⋮ ↓ 이 사이에 들어갈 수의 개수는 초사이언이라고 해도 모릅니다.

$a_n = a_{n-1} + d = \{a + (n-2)d\} + d = a + (n-1)d$

↓ 자, 이 과정에서 버섯의 비밀이 나왔습니다.

$a_n = a + (n-1)d$

그런데 암기가 잘 안 되지요?

수열이란 수가 규칙성을 가지는 것입니다. 규칙을 살펴보면 외우지 않고도 비밀을 알아낼 수 있습니다.

$a_2=a_1+d$

여기에 먼저 집중하세요. a_2는 a_1이 되지요? 다른 것을 또 봅시다.

$a_3=a_2+d$

음, a_3은 a_2가 되네요.

"아! 수가 하나 작네요. 그런 규칙이 있었군요."

집중력을 좀 더 높여 살펴보세요.

"뒤에 붙어 있는 d는 변화가 없고 그대로네요."

이제 생명을 연장시키는 버섯에 적힌 $a_n=a+(n-1)d$의 비밀이 풀립니다. n보다 1 작은 것은 $n-1$이 됩니다.

등차수열의 일반항을 구하는 공식을 먹고 슈퍼마리오의 생명력이 연장됩니다. 슈퍼마리오가 커졌습니다. 에너지가 넘치는 슈퍼마리오가 1, 6, 11, 16, …이라는 등차수열의 일반항을 구해 내려고 합니다.

공식 $a_n=a+(n-1)d$에 수만 대입하면 일반항은 자동으로 출력됩니다. a는 첫째항이니까 1 그리고 공차 d는 $6-1=5$ 다시 정리합니다. $a=1$, $d=5$

$$a_n=a+(n-1)d=1+(n-1)5$$

여기서 $(n-1)$ 옆에 기대고 있는 5 있지요? 거기에는 곱하기가 생략되어 있습니다. 곱하기가 생략되어 있으니까 n과 -1에 5를 골고루 곱해 주면서 계산합니다. 이것을 분배법칙이라고 합니다. 경험치가 올라가는 공격법입니다.

5를 이용해서 폴짝 뛰어 n에 곱하면 $5n$이 됩니다. 다시 5의 공격을 한 번 더 할 수 있습니다. -1에 5가 폴짝 날아 와 곱해지면 -5가 됩니다.

이것들을 다 정리해 봅시다.

$$a_n=1+5n-5$$

슈퍼마리오, 여기서 계산을 멈추면 안 돼요. 끝마무리를 하세요.

잠깐 생각에 잠긴 슈퍼마리오가 왔다 갔다 고민에 빠집니다. 그러자 피타고라스가 슈퍼마리오에게 동류항이라는 꽃을 던져 줍니다.

동류항 꽃은 같은 항끼리 계산할 수 있는 능력의 열매입니다. 1과 -5는 상수항이라는 동류항 꽃입니다. 계산할 수 있습니다.

슈퍼마리오가 -5에서 $5n$을 폴짝 뛰어 1과 계산을 해냅니다.

중학생이 되면 실전에 쓰이는 계산법입니다. 1과 -5 합체, -4가 됩니다. 슈퍼마리오가 웃으며 일반항을 내놓았네요.

$$a_n = 5n - 4$$

이제 좀 알겠나요? 물론 100% 이해할 수는 없습니다. 고등학교 2학년 때 배우는 것인데 지금 다 이해했다고 하면 정말 재수 없는 아이가 되는 것입니다. 등차수열에 대해 어렴풋이 알게 되었다면 경험치는 올라간 것입니다.

이제 나와 슈퍼마리오가 합심을 하여 여러분들의 경험치를 올려 주겠습니다. 물론 이것은 어려운 단계이므로 이것을 해내면 슈퍼 버섯과 파이어 플라워를 먹은 효과와 같습니다.

문제입니다.

문제

첫째항이 5, 10번째 항이 68인 등차수열의 공차와 일반항을 구하시오.

5분간 기다리겠습니다.

풀이 들어갑니다. 자신이 푼 방법과 동일한지 확인해 보세요.

공차를 d, 일반항을 a_n이라고 하면 다음과 같습니다.

$$a_{10}=5+(10-1)d=68$$

괄호 안을 계산하면 9입니다. 정리해 봅시다.

$$a_{10}=5+9d=68$$

계산해 내면 $d=7$이 됩니다.

이제 n번째 항을 알아보겠습니다. n번째 항을 일반항이라고 말합니다.

$$a_n=5+(n-1)\times7=7n-2$$

일반항의 정체가 드러났습니다. 하지만 아직 일반항과 대결을 하기에는 우리의 내공이 부족합니다. 그래서 대결은 다음으로 미루고 일반항의 정체를 알아내는 것으로 만족합시다.

일반항을 알면 어떤 장점이 있을까요? 여러분들이 느낀 점을 말해 보세요. 잘 안 들려요. 크게 말해 보세요.

그렇습니다. 항들 사이의 관계를 파악하지 않고도 한 번에 그 항을 알아낼 수 있지요. 또는 10000번째 항을 하나하나 계산하지 않더라도 알아낼 수 있는 마법의 항이 바로 일반항입니다. 오늘은 이만 수업을 마치겠습니다. 내일 아침에 다시 만나요.

다음날, 일찍 일어난 슈퍼마리오가 통나무 더미에서 수련을 하고 있습니다.

뭐 하고 있나요?

"등차수열을 이용한 체력단련 중입니다."

오호, 통나무 더미가 쌓인 형태를 보니까 맨 아래 칸은 첫째항 11, 위쪽으로 차례로 10, 9, 8, 7, 6, 5네요. 그러므로 이것은 첫째항이 11이고 공차가 −1인 등차수열이 맞습니다. 슈퍼마리오가 어제 대결을 하지 못해 분했는지 오늘은 참 열심히 하네요.

바위 나르기 훈련이라면서 증가의 규칙까지 연습하고 있습니다. 정말 슈퍼마리오의 각오가 대단합니다.

슈퍼마리오가 나른 바위를 보고 각각 얼마씩 늘어나는지 알아보세요. 그 늘어나는 수를 공차라고 합니다. 하지만 그 공차는 바위이므로 공 차듯이 뻥뻥 차게 되면 몇 달은 정형외과에 가서 엉덩이에 주사 바늘을 꽂게 될 테니 주의하세요.

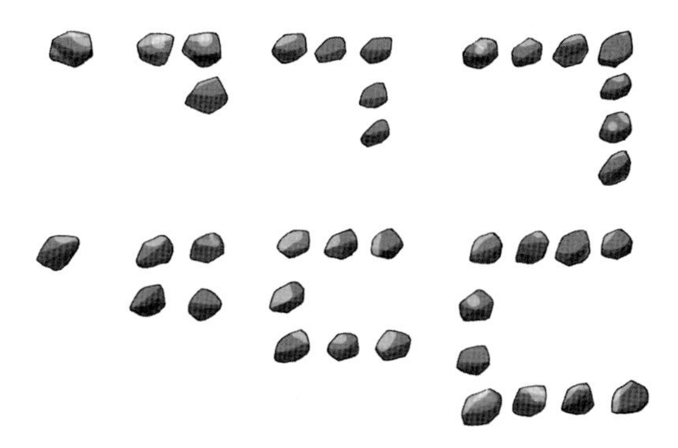

저렇게 열심히 하는 슈퍼마리오에게 신기술을 안 가르쳐 줄 수 없겠네요. 등차수열의 합을 구하는 엄청난 레벨의 기술을 가르쳐 주겠습니다. 등차수열의 합에 들어가기 전에 그에 사용되는 도구, 툴바에 대해 말해 주겠어요. a_n은 일반항, a는 첫째항, d는 공차, l은 끝항, 그리고 S_n은 등차수열의 합으로, '에스 앤' 이라고 부릅니다. 우리는 이 에스 앤을 구하는 마법을 배울 것입니다.

슈퍼마리오, 1부터 10까지의 합을 빨리 구해 보세요.

슈퍼마리오가 한 칸씩 한 칸씩 뛰어 나가며 더해 갑니다.

그런 기술은 초보자가 쓰는 레벨 3의 기술입니다.

$\frac{10 \times 11}{2} = 55$입니다.

슈퍼마리오가 코가 커지며 놀랍니다. 보통 사람은 놀라면 눈이 커지는데 슈퍼마리오는 코가 커집니다. 슈퍼마리오는 감동의 눈물이 아닌 감동의 콧물을 흘리며 그 공력이 강한 기술을 가르쳐 달라고 합니다.

1부터 10까지의 빠른 합 계산법입니다.

$$
\begin{array}{rl}
\text{슈퍼 } S = & 1+\ 2+\ 3+\ 4+\ 5+\ 6+\ 7+\ 8+\ 9+10 \\
+)\ S = & 10+\ 9+\ 8+\ 7+\ 6+\ 5+\ 4+\ 3+\ 2+\ 1 \\
\hline
2S = & 11+11+11+11+11+11+11+11+11+11
\end{array}
$$

⬅11이 10개입니다.

$2S=10\times11$

$S=55$

이것을 공식으로 나타낼 수 있습니다.

$$\frac{\text{항의 개수}\times(\text{첫째항}+\text{끝항})}{2}$$

그럼 이 공식을 이용하여 1부터 무려 100까지의 합을 순식간에 알아보겠습니다.

1부터 100까지 항의 개수는 100개이지요? 항의 개수는 100, 그리고 첫째항 1과 끝항 100을 더하면 101입니다. 거기다가 100을 곱해요. 그러면 10100입니다. 분모에서 모든 장면을 지켜보고 있던 2가 10100을 2로 나누어 버립니다.

결국, 답은 5050입니다. 나누기 2의 마지막 장면이 압권입니다. 2는 초사이언입니다.

이 기술은 가우스라는 슈퍼 수학자가 어릴 적 이용했던 방법입니다. 그는 다음과 같이 구했지요.

$$1+2+3+\cdots+100=(1+100)+(2+99)+\cdots+(50+51)$$
$$=101\times 50=5050$$

이처럼 가우스는 레벨이 상당히 높은 계산법을 알고 있었습니다. 역시 수학계의 초사이언입니다.

이것을 그림으로 나타내어 여러분들의 뇌 속에 입력시켜 주겠습니다. 이 그림은 강력한 전달력을 가지고 있으므로 잘 활용하면 도움이 될 겁니다. 반드시 지구를 구하는 데 사용하세요.

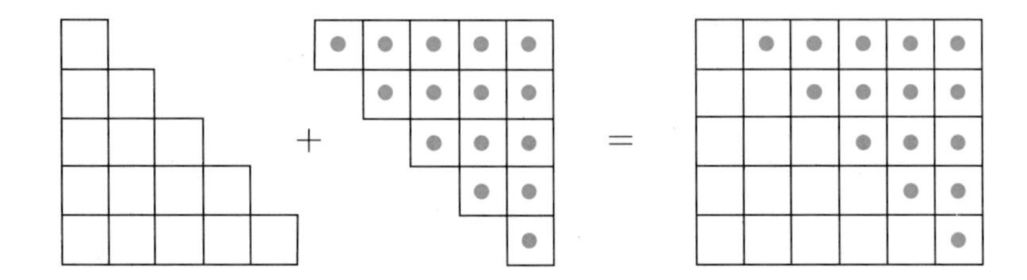

$$1+2+3+4+5=\frac{5\times6}{2}=15$$

수열 1, 2, 3, 4, 5의 합을 구하는 장면

마지막으로 문제를 하나 해결해 봅시다.

문제

정육면체의 상자를 그림과 같이 쌓아서 탑을 만들려고 합니다. 이 탑의 높이가 20층이 되도록 쌓는 데 필요한 정육면체의 개수를 알아보시오.

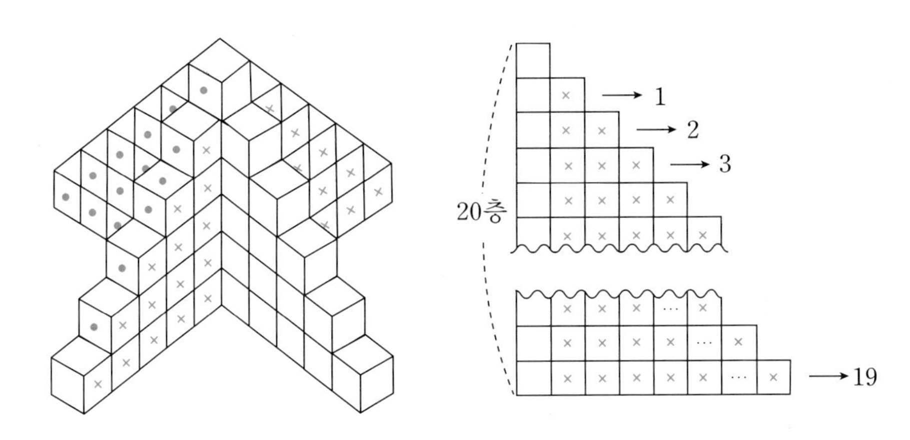

20층을 쌓을 때, 가운데 줄을 빼고 나머지 부분 4개 중의 한 쪽 면만 먼저 생각해 봅시다. 그 규칙이 등차수열입니다.

$1+2+3+\cdots+19$

가운데 줄을 일단 빼고 계산해서 19까지만 더하면 됩니다. 그런데 똑같은 모양이 네 개 방향에 있고, 가운데에 20개가 있으므로 필요한 정육면체의 개수는 다음과 같습니다.

$$4\times(1+2+3+\cdots+19)+20_{\text{가운데 한 줄의 개수}}$$
$$=4\times\frac{19(19+1)}{2}+20=780$$

이제 다음 시간에는 조화수열에 대해 배우도록 하겠습니다.

"좋아. 조화수열!!"

두 번째 수업 정리

❶ 등차수열의 일반항

첫째항이 a, 공차가 d인 등차수열 $\{a_n\}$의 일반항

$$a_n=a+(n-1)d$$

❷ 등차수열의 합

$$\frac{\text{항의 개수}\times(\text{첫째항}+\text{끝항})}{2}$$

조화수열

조화수열과 등차중항, 조화중항에 대해 알아봅니다.

세 번째 학습 목표

1. 조화수열에 대해 배웁니다.
2. 등차중항과 조화중항에 대해 알아봅니다.

미리 알면 좋아요

1. 조화수열 등차수열의 항을 모두 역수로 만들어 늘어놓은 수열.

2. 등차중항 등차수열의 인접한 세 수를 뽑으면, 가운데 수는 좌우 두 수의 합을 2로 나눈 것과 같습니다.

3. 조화중항 조화수열의 역수로 등차중항을 적용한 것.

슈퍼마리오는 조화수열이 마냥 좋은 수열인 줄 알고 빨리 가르쳐 달라고 난리를 칩니다.

▨ 조 화 수 열

$\frac{1}{1}, \frac{1}{3}, \frac{1}{5}, \frac{1}{7}, \frac{1}{9}, \cdots$

이런 수열이 있습니다. 분모만 골똘히 쳐다보면 등차수열인 것 같은데 분자와 함께 생각하면 잘 모르겠지요?

고민하고 있는 슈퍼마리오를 위해 내가 물구나무를 서서 힌트를 주겠습니다.

슈퍼마리오! 물구나무, 역수…….

힌트를 알아챈 슈퍼마리오가 $\frac{1}{1}$, $\frac{1}{3}$, $\frac{1}{5}$, $\frac{1}{7}$, $\frac{1}{9}$, …을 역수로 만들어 봅니다.

1, 3, 5, 7, 9, …와 같이 등차수열이 되지요? 1씩 더해지는 등차수열이네요.

모르는 친구들을 위해 역수에 대해 설명해 주겠습니다. 어떤 분수에서 분자와 분모의 자리를 바꾸는 것을 역수라고 합니다.

이와 같이 역수로 만들면 등차수열이 되는 수열을 조화수열이라고 합니다.

슈퍼마리오, 조화수열의 정체를 알게 되었는데, 그래도 조화수열이 좋은가요?

"몰라요."

슈퍼마리오의 얼굴색이 변했네요.

일반적으로 수열 $\frac{1}{a_1}, \frac{1}{a_2}, \frac{1}{a_3}, \cdots, \frac{1}{a_n}$이 등차수열을 이룰 때, 수열 $a_1, a_2, a_3, \cdots, a_n$은 조화수열을 이룬다고 말합니다.

각 항의 역수가 등차수열을 이루는 수열을 조화수열이라 하고, 영어의 첫 글자로 이니셜을 만들어 H. P로 나타냅니다. 복사기 광고 아닙니다.

이왕 배우게 된 조화수열, 뿌리를 뽑아 봅시다.

조화수열은 등차수열의 이해를 바탕으로 할 때 의미를 가집니다. 조화수열에 관한 학습은 우선 등차수열에 대한 이론을 철저히 학습한 다음에 이루어진다는 사실을 명심해야 하겠습니다.

수열 $\left\{\frac{1}{a_n}\right\}$이 등차수열을 이루기 때문에 $\frac{1}{a_n}=\frac{1}{a_1}+(n-1)d$ 즉 $\frac{1}{a_n}=\frac{1+(n-1)a_1d}{a_1}$ 입니다.
여기서 $a=a_1$이라 하면 조화수열 $\{a_n\}$의 일반항은 다음과 같습니다.

$$a_n=\frac{a}{1+(n-1)ad}$$

조화수열이 말처럼 좋은 수열이 아니란 것을 알았습니다. 그래서 그런지 조화중항에 대해 알아보아야 하는데 썩 내키지 않네요. 하지만 수학의 길이 어디 쉽겠습니까? 슈퍼마리오와 함께 힘을 내어 조화중항에 대해 설명하겠습니다. 보세요.

조화중항은 등차중항을 먼저 알아야 설명하기 쉽기 때문에 전에 배운 등차수열에서 등차중항을 알아봅시다.

▨ 등차중항

다음 수열을 살펴봅시다.

$2, 5, 8$

이 수열의 공차는 $5-2=3$입니다. 그래서 2는 5빼기 공차 3과 같습니다. 즉 $2=5-3$, $8=5+3$입니다. 공차 3을 이용하여 그들의 관계를 한번 살펴보았습니다.

따라서 첫 번째 항 2와 세 번째 항 8을 더한 것은 두 번째 항 5에서 3을 뺀 것과 두 번째 항 5에 3을 더한 것의 합과 같습니다.

수식으로 표현해 볼까요?

$$2+8=(5-3)+(5+3)$$

우변을 정리하면 10이 되면서 결과는 같아지지요. 10은 5×2와 같습니다.

$$2+8=5\times2,\ \frac{2+8}{2}=5$$

앗, 여기서 우변에 있던 2가 좌변의 분모 지역으로 이동을 했습니다.

갑자기 분수가 등장해서 당황했지요? 우변에 5만 남기고 이동한 것입니다.

일반적으로 세 수 a, b, c가 이 순서로 등차수열을 이룰 때, b를 a와 c의 등차중항이라고 합니다. 이때 다음이 성립합니다.

$$b=\frac{a+c}{2}$$

이 식이 나오게 된 배경을 다시 한 번 설명하겠습니다. 슈퍼마리오, 공차 구할 준비하세요.

a, b, c가 등차수열이라고 할 때 이 식이 성립합니다. 그래서 $b-a$와 $c-b$는 같은 공차입니다.

$b-a=c-b$에서 위 식을 만들어 냅니다. 자, 요리할 준비됐나요? 고, 고!

$$b+b=c+a$$

이 식은 위의 식에서 우변에 있는 $-b$를 좌변으로 옮기며 $+b$로 부호를 바꾸고, 좌변에 있는 $-a$를 우변으로 옮기며 $+a$로 부호를 바꾼 것입니다. 다시 계산을 진행합시다.

$$2b=c+a$$

좌변에 b만 남기고 2를 우변으로 가져가서 나눕니다.

$$b=\frac{a+c}{2}$$

b가 출산되는 감격의 장면입니다. b가 바로 우리가 그토록 간절히 원하던 등차중항입니다.

등차중항을 정리하고 조화중항으로 넘어가겠습니다.

중요 포인트

등차중항

세 수 a, b, c가 이 순서로 등차수열을 이룰 때, b를 a와 c의 등차중항이라고 하고, 다음이 성립한다.

$$2b=a+c \Leftrightarrow b=\frac{a+c}{2}$$

조화중항

이제 조화중항에 대해 알아봅시다. 조화중항이 결코 좋아할 것이 아니란 것을 느끼고 있지요? 만만하지 않아요.

세 수 x, y, z가 차례로 조화수열을 이루면 $\frac{1}{x}$, $\frac{1}{y}$, $\frac{1}{z}$은 차례로 등차수열을 이룹니다. 그래서 다음의 관계식이 성립합니다.

$$\frac{1}{y}-\frac{1}{x}=\frac{1}{z}-\frac{1}{y}$$

이제 이것을 정리하겠습니다.

이항기술, 슈퍼마리오의 폴짝 폴짝 뛰는 기술의 힘을 빌려 좌변과 우변을 넘나들겠습니다.

$$\frac{1}{y}+\frac{1}{y}=\frac{1}{z}+\frac{1}{x}$$ ⇦ 우변의 $-\frac{1}{y}$이 좌변으로 옮겨오고, 좌변의 $-\frac{1}{x}$이 우변으로 옮겨왔습니다.

슈퍼마리오를 위해 용어를 설명하겠습니다. 좌변은 등호의 왼쪽 지역, 우변은 등호의 오른쪽 지역을 말합니다.

다시 계산에 집중을 해 보겠습니다.

좌변과 우변은 분수의 계산 방법을 이용하여 계산합니다.

우선, 좌변의 분자끼리 더할 수 있습니다. 왜냐하면 분모가 y로 같기 때문입니다. 따라서 분자끼리 더할 수가 있습니다.

$$\frac{2}{y}=\frac{1}{z}+\frac{1}{x}$$

음, 좌변은 분모가 같아서 계산을 했는데 우변은 분모가 다르네요. 어쩌죠?

분모가 다르면 통분이라는 레벨이 좀 높은 기술이 있지요. 한번 써 봅시다.

$$\frac{1}{z}+\frac{1}{x}=\frac{x+z}{zx}$$

이 기술 기억나지요? 분모에 곱해진 만큼 분자에 곱해서 계산하는 방법이요. 통분 기술입니다. 레벨이 꽤 높은 편이죠.

다시 정리해 봅시다.

$$\frac{2}{y}=\frac{x+z}{zx}$$

여기서 등식의 성질을 이용하여 좌변에 y만 남는 상태로 고쳐야 합니다. 일단 좌변과 우변을 둘 다 역수를 취하여 분모 y를 분자로 보냅니다.

$$\frac{y}{2}=\frac{zx}{x+z}$$

이제 이 식에서 분모 2만 처리하면 됩니다. 다시 등식의 성질, 양변에 같은 수를 곱해도 그 식에 아무런 영향을 주지 않고 생명이 유지된다는 그 비법을 적용합니다.

$$2\times\frac{y}{2}=\frac{zx}{x+z}\times 2$$
$$y=\frac{2zx}{x+z}$$

드디어 나왔습니다. 따끈합니다. 바로 먹고 암기하세요.

꼭꼭 씹어 먹었나요? 이제 소화가 됐다면 두 수 3과 6의 조화중항을 알아봅시다.

조화중항을 모르니까 미지수 x라 두고, $\frac{1}{3}$, $\frac{1}{x}$, $\frac{1}{6}$은 등차수열을 이루므로 $\frac{2}{x}=\frac{1}{3}+\frac{1}{6}=\frac{1}{2}$ $\therefore x=4$입니다.

"이해가 안 돼요."

알겠습니다. 미지수 x가 나오는 장면을 천천히 설명해 주겠습니다.

일단 $\frac{2}{x}=\frac{1}{2}$에서 계산을 해 보겠습니다.

분자끼리 비교해 보면 2에서 1로 줄어들었습니다. x가 얼마일 때 2로 줄어들까요? 그렇습니다. 4입니다.

이제 조화수열에 대한 문제를 하나 풀어 보겠습니다. 수열 문제는 거의 일반항을 찾는 문제입니다. 일반항만 찾으면 수열은 거의 다 된 것이라고 해도 과언이 아닙니다.

문제

조화수열 $1, \frac{2}{3}, \frac{1}{2}, \frac{2}{5}, \frac{1}{3}, \cdots$에서 일반항을 찾아보시오.

조화수열은 각 항의 역수를 취하여 등차수열로 바꾸어서 해결해야 합니다. 각 항의 역수를 만들어 수열을 다시 써 봅시다.

$$1, \frac{3}{2}, 2, \frac{5}{2}, 3, \cdots$$

첫째항은 1이고, 공차가 $\frac{1}{2}$인 등차수열이 됩니다.

$$\frac{1}{a_n}=1+(n-1)\times\frac{1}{2}=\frac{1}{2}n+\frac{1}{2}=\frac{n+1}{2}$$

그런데 우리가 구해야 할 것은 $\frac{1}{a_n}$이 아니라 a_n이지요? 그래서 나온 결과에 역수를 취하면 됩니다. 참고로 a_n이 바로 일반항입니다.

$$a_n=\frac{2}{n+1}$$

이 일반항의 모습이 맞는지 알아보려면 n자리에 1, 2, 3, …을 차례대로 넣어서 조화수열이 나오는지 확인해 보면 됩니다. 넣어 보세요.

$$1, \frac{2}{3}, \frac{1}{2}, \frac{2}{5}, \frac{1}{3}, \cdots$$

똑같이 만들어지지요? 일반항을 제대로 구한 것이 맞습니다.

그럼, 여기서 깜짝 돌발 퀴즈! 제100항을 구해 보세요.

100항이 너무 크다고 생각하는 학생이 있다면 그건 일반항을 무시하는 것입니다. $a_n = \frac{2}{n+1}$의 n 자리에 100을 대입하여 계산하면 제100항이 됩니다. 일일이 계산해서 구하면 손가락 관절 닳을지도 몰라요. 그냥 100을 넣으면 됩니다.

$$\frac{2}{n+1} = \frac{2}{100+1} = \frac{2}{101}$$

제100항의 답이 나왔습니다.

문자보다 말이 이해가 쉽다고 슈퍼마리오가 이상한 푯말을 들고 왔습니다. 좀 봐 줍시다.

중요 포인트

$$\frac{1}{\text{조화수열}} = \text{등차수열}$$

오, 고마워요. 슈퍼마리오!

이번에는 표를 가지고 등차수열과 등차중항에 대해 설명해 주겠습니다.

문제

다음의 표에서 가로줄과 세로줄에 있는 세 수는 각각 등차수열을 이룹니다. 나머지 빈칸을 채우시오.

21		31
		33
15	25	

일단 등차중항의 성질을 이용하여 첫 번째 세로줄을 보세요. 등차중항을 이용하여 21과 15의 가운데 수를 알아낼 수 있습니다.

$$\frac{21+15}{2}=18$$

가로줄 세 번째의 두 항 15와 25를 보니까 10씩 커지는 것에 따라 25 다음이 35입니다.

21		31
18		33
15	25	35

여기서 첫 번째 가로줄을 보면, 21과 31의 가운데 수는 등차중항을 이용하여 구할 수 있습니다.

$$\frac{21+31}{2}=26$$

이제는 가로와 세로의 가운데 부분만 남았습니다. 세로줄이든 가로줄이든 아무것이나 선택하여 등차중항을 이용하여 풀어 봅시다. 나는 가로줄을 이용하여 풀겠습니다.

$$\frac{18+33}{2}=\frac{51}{2}$$

이런, 자연수가 아니네요. 혹시나 계산이 잘못됐는지 알아보기 위해 세로줄을 이용하여 등차중항으로 계산해 보겠습니다.

$$\frac{26+25}{2}=\frac{51}{2}$$

음, 가운데 수는 확실히 분수가 맞습니다.

21	26	31
18	$\frac{51}{2}$	33
15	25	35

여기서 그냥 넘어갈 수 없습니다. 18, $\frac{51}{2}$, 33이라는 수열의 공차를 알아봅시다.

일반항을 구하는 공식으로 공격해 보겠습니다.

$$a_n=a+(n-1)d$$

이 식에 대입하여 알아보겠습니다.

세 번째 항 33을 a_n에 합체, 18은 a에 합체, 세 번째이므로 n에는 3을 대입합니다.

$$33=18+(3-1)d,\ 33=18+2d,\ d=\frac{51}{2}$$

이런, 공차가 분수가 나왔습니다.

그렇습니다. 가운데 수가 분수로 나온 원인이 공차가 분수라서 그랬군요. 더 지저분한 등차중항의 성질이 나오기 전에 이번 수업은 마치겠습니다. 다음 시간에 등비수열과 함께 만나요.

세번째

수업 정리

1 조화수열의 해법

- 조화수열의 항을 역수로 하여 등차수열을 만듭니다.
- 첫째항, 공차를 구해서 등차수열의 일반항을 구합니다.
- 구하고자 하는 항을 계산합니다.
- 다시 역수로 하여 조화수열로 바꿉니다.

2 등차중항

세 수 a, b, c 가 이 순서로 등차수열을 이룰 때, b를 a와 c의 등차중항이라고 하고, 다음이 성립합니다.

$$2b=a+c \Leftrightarrow b=\frac{a+c}{2}$$

3 조화중항

연속된 세 개의 수 a, b, c가 조화수열을 이루고 있다고 할 때 다음의 식을 만족합니다.

$$\frac{2}{b}=\frac{1}{a}+\frac{1}{c}$$

등비수열

등비수열의 일반항과 등비중항에 대해 알아봅니다.

네 번째 학습 목표

1. 등비수열의 일반항을 알아봅니다.
2. 등비중항에 대해서 알아봅니다.

미리 알면 좋아요

1. 등비수열 같은 수를 계속 곱하여 만드는 수열.

2. 공비 등비수열에서 곱하는 일정한 수.

3. 등비중항 등비수열의 인접한 세 수를 뽑으면 가운데 수는 좌우 두 수의 곱의 제곱근과 같습니다.

슈퍼마리오와 피타고라스가 과자를 먹으려고 하는데 슈퍼마리오가 손도 안 씻고 과자를 집어 먹으려고 합니다. 그러자 피타고라스가 슈퍼마리오의 손을 치며 말합니다.

슈퍼마리오, 손에 있는 어떤 균은 손에서 입을 통해 옮겨지면서 세포분열을 하는데, 1초마다 그 수가 2배로 증가하기도 한단다. 그것이 바로 등비수열이지.

문제

시작은 1마리, 1초 후 2마리, 2초 후 4마리, 3초 후 8마리, … 이런 식으로 세균이 번식한다면 100초 후에는 과연 세균이 몇 마리나 될지 구하시오.

계산은 좀 이따가 하고 이런 수열에 대해 좀 알아보도록 합시다. 궁금해도 참으세요. 수학은 기초가 튼튼해야 합니다.

첫째항 1부터 차례로 일정한 수 2를 곱하면 다음 항을 얻을 수 있습니다.

1, 2, 4, 8, 16, …

이와 같이 첫째항부터 차례로 일정한 수를 곱하여 그 다음 항이 만들어지는 수열을 등비수열이라 하고, 그 일정한 수를 공비라고 합니다.

a_1, a_2, a_3, a_4, …, a_n, …이 첫째항 a_1에서 시작하여 차례로 일정한 수 r을 곱하여 얻은 수열일 때, 이 수열을 등비수열이라 하고, r을 공비라고 합니다. 이때 r의 성질을 알아봅시다.

$$r=\frac{a_2}{a_1}=\frac{a_3}{a_2}=\cdots=\frac{a_{n+1}}{a_n}=\cdots$$

즉 등비수열은 $n=1, 2, 3, \cdots$에 대하여 항상 $a_{n+1}=ra_n$이 성립하는 수열입니다. 참고로 등비수열에서는 (첫째항)$\neq 0$, (공비)$\neq 0$인 것으로 정합니다.

1, 3, 9, 27, …

첫째항이 1, 공비가 3인 등비수열입니다. 첫째항이 12일 때, 공비가 $\frac{1}{2}$이라면 이 수열은 12, 6, 3, $\frac{3}{2}$, …으로 나타낼 수 있습니다.

이제 등비수열의 일반항에 대해 자세히 알아보겠습니다.

첫째항이 a이고 , 공비가 r인 등비수열 $\{a_n\}$의 각 항을 알아봅시다.

$$a_1=a=ar^0 \quad (r^0=1)$$
$$a_2=a_1r=ar^1$$
$$a_3=a_2r=(ar^1)r=ar^2$$
$$a_4=a_3r=(ar^2)r=ar^3$$
$$\vdots$$
$$a_n=a_{n-1}r=(ar^{n-2})r=ar^{n-1}$$

따라서 등비수열의 일반항 $a_n=ar^{n-1}$이 됩니다. 다시 말해서 a는 첫째항이고 r은 공비입니다.

"문자로 하지 말고 말로 해요."

그럼, 일반항을 말로 나타내 봅시다.

(일반항)=(첫째항)×(공비)$^{n-1}$

그럼, 이 말로 된 일반항 구하는 공식을 가지고 앞에서 해결하지 않고 남겨둔 100초 후의 세균 수를 알아봅시다.

(일반항)=(첫째항)×(공비)$^{n-1}$

$a_{101}=1\times 2^{101-1}$

식이 만들어졌습니다. 101번째 세균의 수를 알아봅시다.

우와, 2^{100}이 됩니다. 2를 100번을 곱한 값의 크기는 어마어마합니다. 슈퍼마리오가 당장 손을 씻으러 가네요. 세균이 무섭긴 무서운가 봅니다.

우리는 앞에서 등차중항과 조화중항을 배웠습니다. 그럼 등비수열에도 그런 것이 있을까요? 네, 있습니다. 이름하여 등비중항! 등에 비가 내리는 등비중항에 대해 공부해 보겠습니다.

다음 세 수는 공비가 3인 등비수열입니다.

2, 6, 18

여기서 6이 세 수의 가운데 수, 즉 등비중항입니다. 이때 어떠한 관계식이 성립하는지를 알아야 합니다. 어디 가세요? 이리 오세요. 같이 알아봅시다.

$2=6\div3$, $18=6\times3$

이 두 식을 가지고 아주 맛있고 영양가 높은 요리를 해 보겠습니다. 기대하세요.

$2=6\div3$

$18=6\times3$

일단 벽돌을 쌓듯이 두 식을 쌓아 봅니다.

좌변은 좌변끼리 곱하고, 우변은 우변끼리 곱합니다.

$2\times18=(6\div3)\times(6\times3)$

입술을 앞으로 쭈욱 내밀며 우~변 해 보세요, 우변. 그렇지요.

그 우변을 정리해 보세요.

$$(6 \div 3) \times (6 \times 3) = \frac{6}{3} \times 6 \times 3$$ ⬅ 약분합니다.

$$= 6^2$$

자, 이제는 좀 있어 보이도록 문자로 표현해 보겠습니다.

일반적으로 세 수 a, b, c가 이 순서로 등비수열을 이룰 때, b를 a와 c의 등비중항이라고 합니다. 이때 다음이 성립합니다.

$$\frac{b}{a} = \frac{c}{b}$$ ⬅ 공비, $b^2 = ac$

좀 더 설명하면 $b \div a$, $c \div b$는 공비로, 서로 같습니다. 공비는 같아야 합니다. 슈퍼마리오 수준으로 한번 정리해 주겠습니다.

$$(\text{첫째항}) \times (\text{셋째항}) = (\text{둘째항})^2$$

"아하. 둘째항의 제곱이 첫째항과 셋째항의 곱과 같구나."

그렇습니다. 예를 하나 들어 볼까요?

$-2, a, -8$

이 수열이 등비수열이라면 a를 구할 수 있습니다.

a는 두 수의 중항에 놓여 있고, 등비수열이라고 했으므로 등비 중항이 될 겁니다. 그럼 다음과 같은 식을 세울 수 있습니다.

$$a^2=(-2)\times(-8)=16$$

자, 다시금 심각하게 생각해야 합니다. 우리가 구해야 할 것은 a^2이 아닙니다. a이지요. 그럼 제곱해서 16이 되는 수는 뭐가 있을까요? 4입니다.

초등학교 고학년을 위해 a^2이 뭔지 보여 주겠습니다. 수학은 하나가 막히면 거기서 이해가 끝나니까요.

$$a^2=a\times a$$

a 위의 쥐처럼 조그마한 숫자는 몇 번 곱할 것을 나타내는 수입니다.

$4^2 = 4 \times 4 = 16$

그래서 a는 4입니다. 그런데 여기서 잠깐, 과연 4만 있는 것일까요? 제곱을 해서 16을 만드는 수를 중학생들에게 물어보면 -4도 된다고 말해 줄 겁니다. 왜냐하면 $(-4) \times (-4) = 16$이거든요. 그래서 a는 ± 4입니다.

등비수열의 일반항을 까먹을 때쯤 됐지요? 등비수열의 일반항을 구하는 것을 배워 보겠습니다. 공식은 알고 있지요? 까먹었다고요? 그게 밤인가요, 까먹게. 실망입니다. 하지만 슈퍼마리오가 가르쳐 줄 겁니다. 슈퍼마리오가 들고 온 공식을 봅시다.

중요 포인트

등비수열의 일반항

$$a_n = ar^{n-1}$$

자, 문제 들어갑니다.

2, 6, 18, 54, …

이 문제가 새롭다면 안 됩니다. 앞에서 본 등비수열입니다. 단지 54가 더 있을 뿐입니다. 첫째항 a가 2입니다. 이제 공비를 한 번 구해 보겠습니다. 공비를 구하는 데에는 약간의 기술이 필요합니다. 뒤항 나누기 바로 앞항을 하면 공비가 됩니다.

$$6 \div 2 = 3$$

공비는 3입니다.

한 등비수열에서 공비는 모두 일정해야 합니다. 확인 작업 들어갑니다.

$$r = \frac{6}{2} = \frac{18}{6} = \frac{54}{18} = \cdots = 3$$

이제 이것들을 가지고 일반항 식에 대입하여 일반항을 찾아보겠습니다.

a첫째항는 2 준비하시고 r공비은 3을 들고서 $a_n = ar^{n-1}$ 에 대입시켜 봅시다.

$$a_n = 2 \cdot 3^{n-1}$$

일반항을 찾았습니다.

"일반항 2와 3 사이에 웬 점이에요?"

아하, 편의상 숫자와 숫자 사이에는 곱하기 기호 (×)를 점 (·)으로 나타낼 수 있습니다. 간혹 쓰이니까 지금 암기해 두세요.

$$-4, 2, -1, \frac{1}{2}, \cdots$$

분명 등비수열인 것 같은데 마이너스 기호가 반복적으로 나와 있다는 것이 눈에 거슬립니다. 분명 이 문제는 상당한 레벨이라는 것을 자판을 누르는 손끝에서 알 수 있습니다. 일단 기본에 충실한 접근을 하겠습니다.

첫째항은 -4입니다. 이제 공비에 도전합니다. 뒤항 2 나누기 앞항 -4는 $\frac{2}{-4} = -\frac{1}{2}$ 입니다.

별거 아니네요. 일반항 공식 나와 주세요.

$$a_n = ar^{n-1} \Rightarrow a_n = (-4)\left(-\frac{1}{2}\right)^{n-1}$$

다 구했습니다. 괜히 쓸데없는 걱정을 했네요. 수학도 삶처럼 순간순간 최선을 다하면 됩니다. 미리 겁먹을 필요가 없습니다.

이제 슈퍼마리오를 연습시켜 보겠습니다.

슈퍼마리오, 첫째항이 1, 공비가 3인 등비수열을 쭈욱 나열해 보세요.

슈퍼마리오가 첫째항 1을 밟고 서서 뛸 준비를 합니다.

"공비가 3이라고 했지요? 공비가 3이니까 3씩 곱해 나갑니다. 출발!"

1, 3, 9, 27, 81, ⋯

슈퍼마리오가 깡충깡충 잘도 찾아냅니다.

슈퍼마리오가 찾아낸 등비수열이 맞습니다.

그럼, 두 번째로 첫째항이 32, 공비가 $\frac{1}{2}$인 등비수열을 나열해 보세요.

공비를 분수로 주었더니 슈퍼마리오의 표정에 안개구름이 자욱하네요. 너무 걱정하지 마세요. 출발선인 32에서 계속 반으로 줄여나가면 됩니다.

슈퍼마리오가 자신의 뛰는 보폭을 조심스럽게 반으로 줄여가며 달립니다.

슈퍼마리오의 발자국을 살펴볼까요?

32, 16, 8, 4, 2, …

이야, 실력이 많이 늘은 것 같습니다. 녀석의 실력이 대단합니다. 여러분, 슈퍼마리오에게 찬사의 박수를 보내 주세요. 다 맞았습니다.

우쭐거리고 있는 슈퍼마리오에게 다시 문제를 내 보겠습니다. 이번에는 그렇게 만만한 문제가 아닙니다.

첫째항이 3, 공비가 -2인 등비수열입니다.

"공비가 -2라고요?"

태어날 때부터 뱀에 대한 공포를 무의식적으로 가지는 것처럼 수학을 접하는 어린아이가 음수를 접할 때도 공포를 느낍니다.

얼굴에 먹구름이 낀 채 출발을 못하고 고민을 하는 슈퍼마리오에게 피타고라스가 다가가서 먹구름에 화이트를 칠해 줍니다.

"첫째항이 3이죠. 그리고 공비가 -2이니까 첫째항 3에서 -2를 차례로 계속 곱해 주면 되지요. 마이너스 기호가 나왔다 들어갔다 하는 등비수열이 됩니다. 계산은 계속하면 되는데 다리가 고생하겠네요."

$3, -6, 12, -24, 48, \cdots$

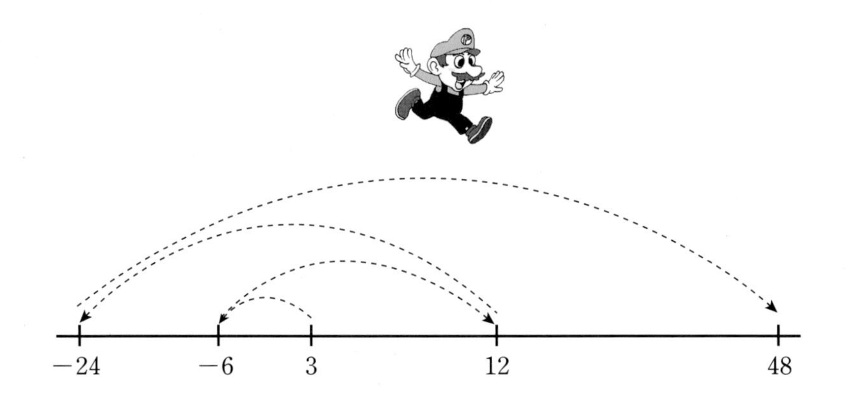

그만!

앞으로 갔다가 뒤로 갔다가 정신없습니다. 그리고 앞 뒤 간격이 점점 더 벌어집니다. 그래서 내가 48에서 스톱을 시켰습니다.

땀을 줄줄 흘리는 슈퍼마리오에게 피타고라스가 다음과 같은 등비수열 문제를 냅니다.

문제

첫째항이 1이고 공비가 1인 등비수열을 구하시오.

이 문제는 생각을 좀 해야 합니다.

한참을 생각한 슈퍼마리오가 공비가 1이라고 한 말에 한 발씩 뚜벅 뚜벅 걸으면서 대답합니다.

"1, 2, 3, 4, 5, 6, 7."

이 수열은 공차가 1인 등차수열입니다. 등비수열이 아닙니다. 그럼, 우리가 찾는 등비수열은 어떤 모습일까요?

1에다가 1을 곱하면 얼마가 될까요? 1입니다. 1에다가 1을 계속 곱해 보세요. 결과는 계속해서 1, 1, 1, 1, 1, 1, …로 변화가 없습니다. 우리가 찾고자 한 등비수열의 모습입니다. 이렇게 변화가 없는 등비수열도 있습니다. 그럼 여기서 생각을 좀 더 해 보겠습니다.

0, 0, 0, 0, 0, …도 등비수열일까요? 슈퍼마리오, 고민할 거 없습니다. 첫째항이 0이고, 공비는 아무수라도 다 됩니다. 왜냐하

면 0에 어떤 수를 곱하더라도 그 다음 수는 0이 되니까요.

알쏭달쏭한 수열입니다. 경험치를 길러 주는 등비수열 문제였습니다.

문제

각 항이 등비수열입니다. $a_2=3$, $a_5=24$일 때, a_{10}을 구하시오.

잠시 설명을 좀 더 하면 a_2는 두 번째 항이라는 말이고, a_5는 다섯 번째 항이라는 말입니다. 따라서 열 번째 항을 찾는 문제입니다.

등비수열에서 항상 머릿속에 기억해야 할 공식은 $a_n=ar^{n-1}$입니다.

첫째항을 a, 공비를 r이라 하면 다음과 같이 나타낼 수 있습니다.

$$a_2=ar=3,\ a_5=ar^4=24$$

자, 우리는 여기서 생각의 폭을 넓혀야 이 고난을 헤쳐 나갈 수 있습니다.

지금까지 여러분은 수끼리 나누는 것을 배워왔습니다. 이제부터는 식끼리도 나눌 수 있다는 사실에 집중해 주세요.

$a_5=ar^4=24$ 식을 $a_2=ar=3$으로 나누어 보려고 합니다. 나누어도 상관이 없습니다. 걱정 마세요. 부작용은 없습니다. 식끼리 씩씩하게 나누세요.

$$\frac{ar^4}{ar}=\frac{24}{3}$$

나누기를 분수로 만든 이유는 약분 들어가려고 그러는 것입니다. 약분!

$$r^3=8$$

어떤 수를 세 번 거듭 곱해서 8이 되는 수는 무엇일까요? 아, 생각 났습니다. 2가 있습니다. 그럼 이 r을 이용하여 $ar=3$ 식의 r 자리에 2를 넣어 a를 구해 냅니다.

$$a\times 2=3$$

지지고 볶으면 $a=\frac{3}{2}$입니다. 첫째항 $\frac{3}{2}$과 공비 2라는 것을 알면 일반항 구하는 것은 식은 죽 먹기입니다.

일반항은 $\frac{3}{2}\times 2^{n-1}$입니다. 그런데 이번 문제은 일반항만 구해서는 안 됩니다. 열 번째 항을 구하는 문제이니까요. 열 번째 항은 어떻게 구하나요, 슈퍼마리오?

"별거 없어요. n자리에 아무 생각 없이 10만 쓰면 돼요. 그리고 10－1이 된다는 사실 하나."

$$\frac{3}{2}\times 2^{10-1}=\frac{3}{2}\times 2^9$$

이것을 거침없이 계산해 내면 답은 768이 됩니다.

휴우, 슈퍼마리오, 고생했습니다. 일단 좀 쉬고 다음 시간에 봅시다.

네 번째 수업 정리

1 등비수열의 해법

- 공비를 구합니다.
- 첫째항을 구합니다.
- 일반항을 완성합니다.
- 문제가 요구하는 답을 계산합니다.

2 등비수열의 특징

$a_1, a_2, a_3, a_4, \cdots, a_n, \cdots$이 첫째항 a_1에서 시작하여 차례로 일정한 수 r을 곱하여 얻은 수열일 때, 이 수열을 등비수열이라 하고, r을 공비라고 합니다. 이때 r의 성질은 다음과 같습니다.

$$r=\frac{a_2}{a_1}=\frac{a_3}{a_2}=\cdots=\frac{a_{n+1}}{a_n}=\cdots$$

즉 등비수열은 $n=1, 2, 3, \cdots$에 대하여 항상 $a_{n+1}=ra_n$이 성립하는 수열입니다.

참고로 등비수열에서는 (첫째항)$\neq 0$, (공비)$\neq 0$인 것으로 정합니다.

❸ 세 수 a, b, c 가 이 순서로 등비수열을 이룰 때, b를 a와 c의 등비중항이라고 합니다. 이때 다음이 성립합니다.

$$\frac{b}{a}=\frac{c}{b} \Leftarrow \text{공비}, \ b^2=ac$$

중항과 등비수열의 합

등비수열의 합에 대해 알아봅니다.

1. 등비수열의 합에 대해 알아봅니다.

미리 알면 좋아요

1. 산술평균 자료 값의 총합을 자료의 총 개수로 나눈 값. 가장 널리 쓰이는 평균으로, 그냥 평균이라고 합니다.

2. 기하평균 0보다 큰 값을 취하는 자료들의 중심 위치를 나타내는 평균의 하나. 기하평균은 각 자료 값을 모두 곱한 다음에 자료의 개수만큼 제곱근을 취하여 얻습니다.

3. 조화평균 주어진 수들의 역수의 산술평균.

어떤 두 학생이 서로 옳다고 말싸움을 하고 있습니다. 싸움구경만큼 재미난 것이 없다며 구경하던 슈퍼마리오가 곤란한 상황이 되었습니다. 싸우고 있던 두 학생이 슈퍼마리오에게 누가 잘못했는지 판단해 달라고 했기 때문입니다. 이러지도 못하고 저러지도 못하는 슈퍼마리오 대신 피타고라스가 나서서 말을 합니다.

슈퍼마리오는 중항이라서 누구 편을 들 수 없습니다. 중항이라는 용어에 머리를 갸웃거리는 학생들을 위해서 중항에 대해 공부하겠습니다.

중항에는 크게 세 가지가 있습니다. 등차중항부터 알아봅시다.

세 수 a, b, c가 차례로 등차수열을 이룰 때, b를 a와 c의 등차중항이라고 합니다. 여기서 b가 a와 c의 등차중항이 되기 위한 관계식은 다음과 같습니다.

$$2b=a+c$$

잘 알아두세요. 좀 이따가 다 써먹을 거예요.

한 가지 더, 다음과 같이 변형시킬 수 있습니다. 마치 카멜레온이 변신하는 것처럼 말이지요.

$$2b=a+c \Rightarrow b=\frac{a+c}{2}$$

이제 등비수열의 중항인 등비중항에 대해 알아보겠습니다.

0이 아닌 세 수 a, b, c가 차례로 등비수열을 이룰 때, b를 a와 c의 등비중항이라고 합니다. b가 a와 c의 등비중항이 되기 위해 필요하고도 충분한 조건은 다음과 같습니다.

$$b^2=ac$$

등비중항에 대한 예를 하나 들어 보겠습니다.

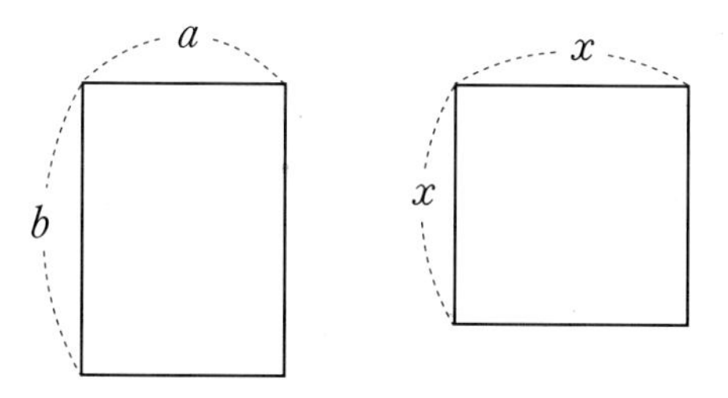

그림과 같이 가로, 세로의 길이가 각각 a와 b인 직사각형이 있습니다. 이 직사각형과 넓이가 같은 정사각형 한 변의 길이를 x라고 할 때, x는 a와 b의 등비중항임을 밝히겠습니다.

$ab=x^2$이므로 $\frac{x}{a}=\frac{b}{x}$입니다. $\frac{x}{a}=\frac{b}{x}$ 식에서 대각선으로 곱해 보면 $ab=x^2$이라는 식이 나옵니다. $\frac{x}{a}=\frac{b}{x}$ 식을 해석해 보면 가운데 항이 x라는 것을 나타내는 것입니다. 가운데 항이 중항이 되는 것이고요. 따라서 a, x, b는 이 차례로 등비수열을 이룹니다. 그래서 x는 a와 b의 등비중항이 되는 겁니다.

조화중항을 살펴보겠습니다. 앞에서도 알고 있지만 조화라고 좋아할 일이 아닙니다. 식은 더 복잡합니다.

세 수 a, b, c가 조화수열을 이루면 $b=\frac{2ac}{a+c}$가 됩니다.

내가 이렇게 각 중항에 대해 말을 하는 이유가 있습니다. 산술평균, 기하평균, 조화평균의 관계에 대해 이야기하기 전에 사전

지식을 알려줌으로써 여러분들의 이해를 더 돕기 위해서입니다.

세 양수 a, b, c가 등차수열을 이루면 b는 a와 c의 산술평균입니다. 즉 식을 좀 변형하여 다음과 같이 쓸 수 있습니다.

$$b=\frac{a+c}{2}$$

산술평균이라는 말이 어렵다고요? 우리가 중간고사나 기말고사 시험을 본 후 평균을 내잖아요. 그게 바로 산술평균입니다. 각 과목의 점수를 다 더해서 총 과목 수로 나누는 것이지요.

이제 기하평균입니다. 세 양수 a, b, c가 등비수열을 이루면 b는 a와 c의 기하평균입니다.

$$b=\sqrt{ac}$$

$\sqrt{\ }$ 루트라는 기호에 좀 당황했지요? 중학교 3학년이 되면 배우게 될 거에요. 지금은 그림으로 생각해 주세요.

기하평균은 0보다 큰 값을 취하는 자료들의 중심 위치를 나타내는 평균의 하나입니다. 각 자료 값을 모두 곱한 다음 자료의 개수만큼 제곱근을 취하면 얻을 수 있습니다.

다음은 조화평균입니다. 세 양수 a, b, c가 조화수열을 이루면 b는 a와 c의 조화평균입니다. 즉 다음의 관계가 성립합니다.

$$b=\frac{2ac}{a+c}$$

이때 산술평균과 기하평균, 조화평균에는 말로 다 하지 못할 관계가 형성되어 있습니다. 말로 하기에는 그렇고 그들의 관계를 식으로 봅시다.

$$\frac{a+c}{2} \geq \sqrt{ac} \geq \frac{2ac}{a+c}$$

슈퍼마리오가 세상에 말로 안 되는 것이 어디 있냐며 말로 표현해 달라고 조릅니다.

하하, 할 수 없네요. 다음과 같이 말로 정리해 봅시다.

(산술평균) $\geq$ (기하평균) $\geq$ (조화평균)

이제 슈퍼마리오의 부탁을 들어주었으니 슬슬 등비수열의 합으로 넘어가서 공부해 볼까요?

등비수열의 합을 구하는 공식을 만들어 내는 과정은 지우개 안 빌려주는 짝꿍만큼 까칠하지만 알아두는 것이 좋습니다.

등비수열의 합을 이용하여 은행에서의 정기적금에 대한 원리합계를 구하는 것에 대해 알아보겠습니다.

일단은 등비수열의 합을 만들어 내는 방법에 대해 공부해 봅시다.

등비수열 1, 2, 4, 8, 16, 32, 64의 합을 구해 보겠습니다. 슈퍼마리오의 첫 글자 S를 이용하여 나타내겠습니다.

$S=1+2+4+8+16+32+64$ ············ ①

①의 양변에 공비 2를 곱하면 다음과 같습니다.

$2S=2+4+8+16+32+64+128$ ············ ②

① 식에서 ② 식을 변끼리 빼 봅시다.

$$\begin{array}{rl} S= & 1+2+4+8+16+32+64 \\ -)\ 2S= & \quad\ \ 2+4+8+16+32+64+128 \\ \hline -S= & 1-128=-127 \\ \therefore\ S= & 127 \end{array}$$

신기하지 않나요? 이렇게 더하는 방법이 있다는 사실! 식을 세워서 푸는 방법에 익숙해져야만 이해할 수 있습니다.

"그러니 학생들이 수학을 싫어할 수밖에요."

그럼 수업을 진행하기가 좀 망설여지네요. 수로 표현해도 이렇게 싫어하는데 이제는 문자로 표현해야 하거든요. 정말 망설여지는군요. 정말 미안한 마음으로 나타냅니다.

첫째항이 a, 공비가 r인 등비수열의 첫째항부터 제n항까지의 합을 만들어 보겠습니다.

$$S_n = a + ar + ar^2 + \cdots + ar^{n-2} + ar^{n-1} \cdots\cdots ①$$

① 식의 양변에 공비인 r을 앞과 같은 방법으로 곱해 봅시다.

$$rS_n = ar + ar^2 + ar^3 + \cdots + ar^{n-1} + ar^n \cdots\cdots ②$$

① 식에서 ② 식을 변끼리 뺍니다.

$$\begin{array}{rl} S_n = & a + ar + ar^2 + \cdots + a^{n-2} + ar^{n-1} \\ -)\ rS_n = & \quad\ ar + ar^2 + ar^3 + \cdots + ar^{n-1} + ar^n \\ \hline S_n - rS_n = & a - ar^n \end{array}$$

머리가 띵하지요? 좌변의 공통인수 S_n을 빼내고 정리한 후, 우변의 공통인수 a를 빼내고 정리합니다.

$$(1-r)S_n=a(1-r^n)$$

자, 이젠 좌변에 S_n만 남기고 정리합시다.

$$S_n=\frac{a(1-r^n)}{1-r}$$

분수 모양이므로 분모가 0이 되어서는 안 됩니다. 그래서 $r\neq1$입니다. 만약 $r=1$일 때를 생각해 볼까요? 다음 식에서 생각해야 합니다.

$$S_n=a+ar+ar^2+\cdots+ar^{n-2}+ar^{n-1} \cdots\cdots ①$$

r 자리에 1을 대입하여 정리합시다.

$$S_n=a+a+a+a+\cdots+a=na$$

a가 n개 있으므로 이렇게 되는 겁니다.

r, 즉 공비가 1보다 큰 경우와 r이 1보다 작은 경우의 공식을 따로 쓴답니다.

$r>1$이면 $S_n=\dfrac{a(r^n-1)}{r-1}$

$r<1$이면 $S_n=\dfrac{a(1-r^n)}{1-r}$

$r=1$이면 $S_n=na$

각각 따로 분리해서 풀어 주면 유리합니다.

등비수열 합의 공식을 이용하면 원리합계를 구할 수 있습니다.

문제

연이율 r, 1년마다 복리로 매년 초에 a원씩 적립할 때, n년 말의 원리합계 S_n을 구해 보시오.

n년 말까지 매년 초에 적립한 각 금액의 원리합계는 다음과 같습니다.

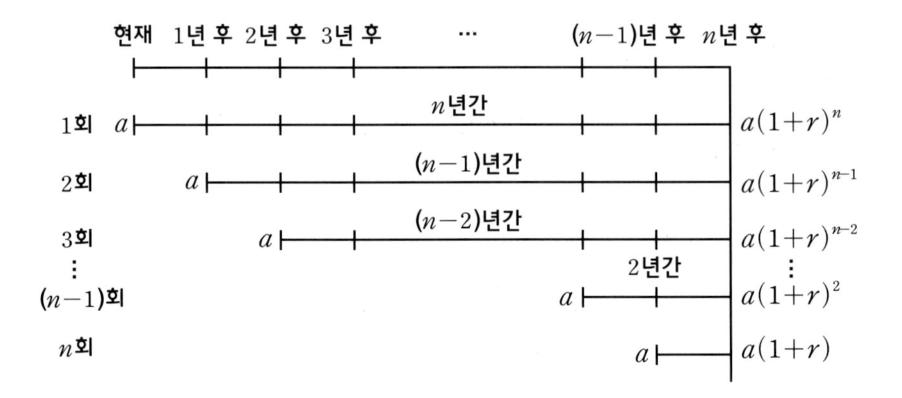

앞에서 구하는 적립금의 원리합계를 S_n이라 하면 다음과 같습니다.

$$S_n = a(1+r) + a(1+r)^2 + a(1+r)^3 + a(1+r)^4 + \cdots + a(1+r)^n$$

여기서 첫째항이 $a(1+r)$, 공비는 $1+r$인 것은 알겠지요? 그래서 이 수열은 등비수열이 됩니다. 첫째항부터 제 n항까지의 합과 같으므로 식은 다음과 같습니다.

$$S_n = \frac{a(1+r)\{(1+r)^n - 1\}}{(1+r)-1} = \frac{a(1+r)\{(1+r)^n - 1\}}{r}$$

“은행은 나빠요. 이렇게 어렵게 만들어서 우리가 돈을 못 찾아 가게 하려고 하는 것 아니에요?”

위 공식을 좀 더 이해하기 쉽도록 용어를 해석해 줄 분이 있어요. 저기 은행 관계자 분이 오시네요.

연이율 : 적립한 원금에 대하여 1년 후 지급하는 원금에 대한 이자의 비율.

원리합계 : 원금에 이자를 포함한 금액.

설명을 듣던 슈퍼마리오가 은행 관계자와 말싸움을 합니다.

“설명을 들으니까 더 어려워요.”

마음도 정리할 겸해서 등비수열 합의 공식에 관한 문제를 하나 풀어 봅시다.

문제

등비수열 2, −4, 8, −16, ⋯ 의 첫째항부터 10번째 항까지의 합을 구해 보시오.

첫째항이 2, 공비가 -2이므로 10번째 항까지의 합 S_{10}은 다음과 같습니다.

$$S_{10}=\frac{2\{1-(-2)^{10}\}}{1-(-2)}=\frac{2(1-1024)}{3}=-682$$

공식에 넣어 사용 설명서대로 하니까 답이 잘 나오지요?

은행 관계자가 나타나서 슈퍼마리오에게 지난번에 벽걸이 TV를 살 때 빌려간 돈을 갚으라고 합니다. 슈퍼마리오는 당장 돈이 없어 쩔쩔맵니다. 아까와는 상황이 바뀌었습니다.

하하하, 빚을 갚을 때, 월마다 일정한 금액, 즉 월부금을 지불하는 방법을 월부상환이라고 합니다. 월부상환 역시 등비수열 합의 공식을 이용하여 알아낼 수 있습니다.

슈퍼마리오가 벽걸이 TV를 보면서 한숨을 쉬네요. 그럼 이번 수업은 마치겠습니다. 다음 시간에 만나요.

다섯 번째 수업 정리

1 산술평균, 기하평균, 조화평균의 관계

$$\frac{a+c}{2} \geq \sqrt{ac} \geq \frac{2ac}{a+c}$$

(산술평균)≥ (기하평균)≥(조화평균)

2 등비수열 합의 공식

$r>1$이면 $S_n=\dfrac{a(r^n-1)}{r-1}$

$r<1$이면 $S_n=\dfrac{a(1-r^n)}{1-r}$

$r=1$이면 $S_n=na$

여러 가지 수열

시그마와 계차수열에 대해 알아봅니다.

여섯 번째 학습 목표

1. 시그마에 대해 배웁니다.
2. 계차수열에 대해 알아봅니다.

미리 알면 좋아요

1. 시그마 그리스 자모의 18번째 글자. 기호로는 $\sum$로 나타냅니다. 시그마는 수학에서 합을 나타내는 기호로 쓰입니다.

2. 계차수열 각 항 간의 차이가 이루고 있는 수열.

나는 '만물은 수數'라고 생각하여 수를 도형과 같은 모양으로 배열하는 것을 좋아합니다. 보세요. 내가 좋아하는 삼각수와 사각수입니다.

삼각수

…

사각수

우선 삼각수의 특징에 대해 살펴보겠습니다.

삼각수는 1, 3, 6, 10, … 이렇게 나가는 특징이 있습니다. 그런데 이 수들의 나열은 재미난 특징을 가지고 있습니다. 보세요.

$1=1$

$3=1+2$

$6=1+2+3$

$10=1+2+3+4$

신기하지 않나요? 여러분들의 마음만큼이나 아름다운 수의 규칙입니다.

다음은 사각수를 살펴보겠습니다.

사각수는 1, 4, 9, 16, …으로 나가는 수입니다. 여기서 또 다른 아름다운 규칙을 찾을 수 있습니다.

$1=1\times1$

$4=2\times2$

$9=3\times3$

$16=4\times4$

신비로운 녀석들입니다. 그 다음 수를 예상할 수 있지요? $5\times5=25$이므로 그 다음 수는 25가 됩니다.

피타고라스가 재미난 수열에 대해 가르쳐주고 있는데 슈퍼마리오는 딴 짓을 하며 떠들어 댑니다. 약이 오른 피타고라스는 슈퍼마리오에게 소리칩니다.

시끄~ 인마.

"네? 뭐라고요?"

이제부터 시그마라는 것을 배운다고요. 하여튼 수업 중에 딴짓하는 사람이 쓸데없는 이야기에는 귀가 밝아요.

이제부터 시그마에 대해 공부합니다.

시그마는 수열의 합을 나타내는 기호입니다. 기호로는 $\sum$로 나타냅니다. 조잘대며 떠드는 슈퍼마리오의 입같이 생겼지요.

∑는 라틴어인 Summa의 첫 글자 S에 해당하는 그리스 문자로서 '시그마' 라고 읽습니다. 더하라는 의미입니다.

요 시그마라는 녀석도 전자제품처럼 사용 설명서가 있습니다. 고등학교 형, 누나들 책에 보면 사용 설명서가 하나씩 들어 있어요.

중요 포인트

시그마 사용 설명서

수열의 합을 ∑ 기호를 사용하여 나타내는 순서

1. 수열의 일반항을 찾는다. 잘못 찾으시는 분은 경찰에 신고하지 마시고 앞 페이지에서 등차수열과 등비수열의 일반항 찾기를 보세요.
2. 일반항을 ∑의 오른쪽에 쓴다. 왼쪽이나 위아래에 쓰면 절대 안 됩니다. 처음에 그렇게 하기로 오른쪽과 계약을 했거든요.
3. ∑의 아래에는 시작하는 항의 수 번호를 쓰고 ∑의 위에는 끝나는 항의 수 번호를 쓴다.

슈퍼마리오가 마치 ∑ 기호처럼 입을 만들면서 말로만 설명하지 말고 직접 한번 나타내 보자고 합니다.

알았습니다. 그전에 한 가지 사실을 말해 주고 해 보도록 하겠습니다.

시그마는 왜 사용할까요?

"갑자기 질문하니까 아무 생각이 나지 않아요."

생각이 나지 않는 것이 당연합니다. 슈퍼마리오의 뇌 속은 텅 비어 있으니까요. 하하, 농담입니다.

시그마는 좀 더 간편하게 나타내기 위해 사용되기도 합니다. 직접 확인 들어가겠습니다.

$1+2+3+4+\cdots+12$와 같은 수들의 합이 있습니다.

"네? 다시 한 번 더 말해 주세요."

$1+2+3+4+\cdots+12$가 있다고요.

"자세히 못 들었어요. 죄송한데, 다시 한 번만 더……."

$1+2+3+4+\cdots+12$라고요.

헉헉, 보세요. 매번 이 수열의 합을 말하려고 하니까 정말 숨이 차지요? 이렇게 긴 표현을 시그마를 사용하면 간단하게 나타낼 수 있습니다.

$$1+2+3+4+\cdots+12=\sum_{k=1}^{12}k$$

이렇게 나타내면 끝입니다. k에 1부터 12까지 넣어 더하라는 뜻입니다.

"간단하네요. 시그마 멋져요!"

슈퍼마리오도 오늘부터 시그마의 팬이 되려고 결심했군요. 이런 간단한 시그마도 사용 설명서를 반드시 정확히 알아야 합니다. 다음 상황을 잘 생각해 봅시다.

$3+6+9+\cdots+60$

여기서 어떤 것을 k 자리에 써야 할까요?

좀 전, 한 3분 전쯤인가요. 앞에서 사용 설명서를 이야기했지요? 시그마 오른쪽 옆에 일반항을 쓴다고요. 이 사실을 기억하지 못하면 간편한 시그마라도 오작동을 하게 된답니다.

3, 6, 9, …처럼 나가는 수열은 3의 배수를 나타냅니다. 그 일반적인 모양은 $3n$과 같습니다.

확인하고 싶은가요? 믿으세요.

정 의심스러우면 $3n$의 n 자리에 수 1, 2, 3, 4, …를 차례로 대입하여 3, 6, 9, …가 나오는지 확인해 보면 됩니다.

나오지요? 너무 의심하면서 세상을 살지 마세요. 자신만 피곤해집니다.

이 말이 끝나자마자 $3n$이 시그마의 오른쪽 옆에 착 달라붙어 폼을 잡습니다.

$$\sum 3n$$

아직 다 끝난 것이 아닙니다. 이 상태에서 끝내면 윗도리만 입고 외출하는 망신을 당하게 됩니다. 시작과 끝을 시그마 기호의 위아래에 적어야 합니다.

그럼, 잘 차려입어 외출 준비가 완벽하게 된 모습을 한번 볼까요? 짜잔!

$$\sum_{n=1}^{20} 3n$$

시그마도 차려 입으니 멋지네요. 그런데 잠깐, 시그마의 모자가 이상합니다. $\sum$ 기호의 윗부분에 쓰는 지역을 나는 시그마의 모자 지역이라고 말합니다.

모자 지역에 60이 적힌다고 생각한 친구들이 아마 열에 다섯 정도는 있을 겁니다. 슈퍼마리오도 그렇게 생각하고 나에게 물어왔거든요.

앞에서 말했듯이 시그마의 모자 지역에는 주어진 수열의 마지막 항의 번호를 적어야 합니다.

위 수열 60을 3으로 나누어 보면 20이 나오기 때문에 20이 60의 항의 번호가 되는 것입니다. 그래서 20을 시그마의 모자 지역에 써야 합니다.

자, 다시 정리해 봅시다.

$$\sum_{\text{시작항}}^{\text{끝항}} \text{일반항}$$

일반항과 항의 개수를 구한 후 시그마를 사용하여 나타냅니다.

공부라는 것이 한쪽 방향으로만 해서는 안 됩니다. 양쪽 방향으로 모두 알아야 제대로 아는 것입니다. 무슨 소리냐고요? 어떤 수열의 합을 시그마로 나타내는 것만 하지 말고 시그마 형태를 일반 수열의 합 모양으로도 나타낼 수 있어야 한다는 소리입니다. 해 봅시다.

$$\sum_{k=1}^{10}(2k+1)$$

와우, 멋지게 차려입었네요. 어떤 옷들을 입고 있는지 1부터 10까지의 수를 넣어 보도록 합시다.

어디에 넣느냐고요? 전문용어로는 대입한다고 말합니다. 어디긴 어딥니까, 일반항의 k 자리에 대입시켜야지요.

1을 넣으면 $2k+1=2\times1+1=3$이 되고, 2를 대입하면 $2k+1=2\times2+1=5$ 계속해서 대입해 나갑니다. 어디까지? 시그마 모자 지역을 보세요. 10이라고 쓰여 있지요? 따라서 10까지 대입하면 됩니다.

이제 쭈욱 써 놓을게요. 보고 직접 확인해 보세요.

$3+5+7+\cdots+21$

"(+)는 왜 나온 거예요?"

시그마는 더한다는 의미라고 앞에서 말했습니다. 다시 한 번 더 기억해 두세요. 수열끼리의 합은 시그마를 사용합니다.

"딴 것을 사용하면 안 되나요?

시끄러 인마! 아니 시그마입니다.

이제 우리가 싫어하는 시간입니다. 수를 문자화시켜 표현해 봅시다. 문자에 알레르기가 있는 학생은 지금 당장 약을 먹고 오세요.

수열 $\{a_n\}$의 첫째항부터 제n항까지의 합 $a_1+a_2+a_3+\cdots+a_n$은 기호 $\sum$를 사용하여 다음과 같이 간단하게 나타냅니다.

$$a_1+a_2+a_3+\cdots+a_n=\sum_{k=1}^{n}a_k$$

즉 $\sum_{k=1}^{n}a_k$에서 기호 $\sum_{k=1}^{n}$는 a의 k에 1, 2, 3, $\cdots$, n을 차례로 대입하여 얻은 항 a_1, a_2, a_3, $\cdots$, a_n의 합을 뜻합니다. 따라서 k 대신 i 또는 j 등의 다른 문자를 써서 나타내기도 합니다.

$$\sum_{i=1}^{n} a_i, \ \sum_{j=1}^{n} a_j$$

필요하다면 이렇게 나타내도 됩니다. 좀 우습지만 말이지요.

$$\sum_{\text{슈퍼마리오}=1}^{\text{마지막 단계}} a_{\text{슈퍼마리오}}$$

슈퍼마리오가 자신의 이름이 나오니까 시그마에 더욱 관심을 갖네요. 여러분도 여러분의 이름을 가지고 한번 해 보세요.

어제 있었던 일을 하나 이야기해 주겠습니다. 무슨 일이냐고요? 내 참 우스워서, 슈퍼마리오의 사촌 조카 있잖아요. 그 이름이 뭐더라…… 아, 생각났어요. 슈퍼닭이오!

그 슈퍼닭이오가 수열의 합을 가지고 놀다가 일부분을 똑 부러뜨렸지 뭡니까.

$$4+5+6+7+8+9+10=\sum_{k=1}^{10} k$$

앞부분이 똑 부러진 상태입니다. 부러뜨렸으면 부러뜨렸다고 말해야지 고쳐서 쓸 것 아닙니까. 그런데 엉큼하기가 자신의 삼

촌을 닮은 슈퍼닭이오가 부러진 것을 침대 밑에 쓰윽 감추고는 그냥 가 버렸지 뭡니까. 그것도 모르고 나는 수열의 합을 가지고 등을 긁으려고 등 쪽에 댔지요. 그런데 아무리 해도 아래쪽까지 미치지 못해 시원하지 않은 거예요. 그래서 자세히 보니 아 글쎄 앞쪽이 부러진 거예요. 너무 황당하더군요.

하지만 어쩌겠어요. 어린 슈퍼닭이오가 한 짓이니 혼낼 수도 없잖아요. 짧아지면 짧아진 대로 고쳐 써야지요. 다음과 같이 고쳐 쓰면 바르게 사용할 수 있습니다.

$$4+5+6+7+8+9+10=\sum_{k=4}^{10}k$$

똑같다고요? 천만에요. 시그마 바지 입는 아래쪽을 수선했습니다. $k=1$에서 $k=4$로 바꾸었지요. 이렇게 바꾸면 맞는 표현입니다. 시그마의 장점은 일부분을 잘라서도 표현이 가능하다는 것입니다. 어디에서 어디까지 더할 것인지를 나타낼 수 있지요.

슈퍼닭이오, 이제 내가 고쳐놨으니 미안해하지 말고 놀러 와라.

이 사실은 안 슈퍼마리오가 나에게 수학 선물 세트 한 상자를 사서 택배로 보내왔네요. 포장을 뜯고 열어 보니 자연수 거듭제곱의 합 종합 선물 세트였습니다. 정말 먹음직스럽습니다. 여러 분들에게도 보여 주겠습니다.

$$\sum_{k=1}^{n} k = 1+2+3+\cdots+n = \frac{n(n+1)}{2}$$
$$\sum_{k=1}^{n} k^2 = 1^2+2^2+3^2+\cdots+n^2 = \frac{n(n+1)(2n+1)}{6}$$
$$\sum_{k=1}^{n} k^3 = 1^3+2^3+3^3+\cdots+n^3 = \left\{\frac{n(n+1)}{2}\right\}^2$$

푸짐한 한 상입니다.

왜 맛이 없어 보이나요? 에이, 그러지 말고 한입 먹어 봅시다.

첫 번째 것 한입, 3번째 항까지 더한 값입니다.

$$\sum_{k=1}^{3} k = 1+2+3 = 6$$

이렇게 먹지 않고 다른 방법으로 먹을 수도 있습니다. 맨 마지막에 나온 $\frac{n(n+1)}{2}$에 대입해서 값을 알아낼 수도 있지요. 세 번째 항까지 더한 값이라고 했으니 n 자리에 3을 넣어서 계산하면 됩니다.

$$\frac{n(n+1)}{2}=\frac{3(3+1)}{2}=\frac{3\times4}{2}=6$$

세 번째까지 구해서 더하나, 끝에 나온 공식에 대입해서 구하나, 그 맛이 그 맛입니다. 맛에는 변함이 없습니다.

나머지 음식도 한 입씩 베어 먹어 보겠습니다. 세 개 항의 더하기만 알아보면서 맛만 보는 것입니다.

$$\sum_{k=1}^{3}k^2=k^2=1^2+2^2+3^2=1+4+9=14$$

이 14라는 값이 나오는지 $\frac{n(n+1)(2n+1)}{6}$에 3이라는 수를 대입해서 계산해 보겠습니다.

$$\frac{n(n+1)(2n+1)}{6}=\frac{3(3+1)(2\times3+1)}{6}=14$$

똑같은 값이 나오므로 위 식이 성립하는 겁니다.

마지막 것도 어떤 맛인지 알아볼까요? 이번에는 두 개의 합만 맛보겠습니다.

$$\sum_{k=1}^{2} k^3 = 1^3 + 2^3 = 9$$

"9니까 구아바 맛인가요?"

구아바 맛이 나는지, 아 죄송, 9가 나오는지 $\left\{\frac{n(n+1)}{2}\right\}^2$에 2를 대입해 보겠습니다. 나도 헷갈립니다.

$$\left\{\frac{n(n+1)}{2}\right\}^2 = \left\{\frac{2(2+1)}{2}\right\}^2 = 9$$

정말 좋은 선물 받았습니다.

$$\sum_{k=1}^{n} k = 1+2+3+\cdots+n = \frac{n(n+1)}{2}$$
$$\sum_{k=1}^{n} k^2 = 1^2+2^2+3^2+\cdots+n^2 = \frac{n(n+1)(2n+1)}{6}$$
$$\sum_{k=1}^{n} k^3 = 1^3+2^3+3^3+\cdots+n^3 = \left\{\frac{n(n+1)}{2}\right\}^2$$

여러분도 이 선물 세트를 받을 날이 곧 올 겁니다.

선물 상자를 김치냉장고에 보관하고 돌아서는데 누군가 바둑돌로 장난을 쳤는지 다음의 그림과 같이 바둑돌이 놓여 있었습니다.

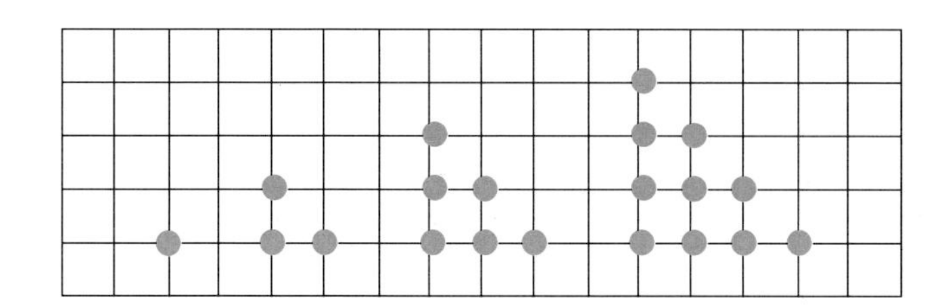

확 흐트러뜨리려고 하다가 바둑돌의 개수를 세어 보니 뭔가 있어 보입니다.

"수열 1, 3, 6, 10, …입니다."

옆에서 슈퍼마리오가 말참견을 합니다.

"에이, 아무것도 아니잖아요. 등차수열도 아니고 그렇다고 등비수열이 되는 것도 아닌데요."

가만 가만 뭔가 있어요. 나는 이 수열의 뭔가를 눈치 챘습니다. 이웃하는 두 항의 차를 조사하여 수열의 규칙을 알아봅시다.

앞의 수열에서 이웃하는 두 항의 차를 차례로 구해 보니 다음과 같습니다.

2, 3, 4, …

내가 예상한대로 이 수열은 계차수열입니다. 계차수열이란 처음 수열은 등차수열도 아니고 등비수열도 아니지만 이웃하는 두 항의 차들이 등비수열이나 등차수열을 이루는 뉴페이스 수열을 말합니다.

이런 페이스의 수열, 계차수열을 몇 개 살펴보겠습니다.

1, 3, 6, 10, 15, …의 계차로 이루어진 수열은 2, 3, 4, 5, …입니다. 이것은 첫째항이 2, 공차가 1인 등차수열입니다.

이건 앞에서 본 수열이네요. 딴 거 봅시다.

$-5, -4, -1, 8, 35, \cdots$

위 수열의 계차로 이루어진 수열은 1, 3, 9, 27, …이고, 이것은 첫째항이 1, 공비가 3인 등비수열입니다.

등차, 등비수열이라는 말이 나오니까 머리가 멍한 친구들이 있지요? 번거롭겠지만 앞으로 돌아가 다시 읽어 보세요. 그래야 이 책을 읽는 재미가 납니다. 수학은 단계별 학습입니다. 바로 폴짝 뛰어 올라 이해되는 것이 아닙니다. 차근차근 끈기 있게 공부해야 합니다.

이제 여러분들이 무척 싫어하는 문자에 버무리는 수학 정리 부분입니다. 문자에 버무린 계차수열은 얼마나 맛깔 나는 음식인지 알아보겠습니다.

수열 $a_1, a_2, a_3, a_4, a_5, \cdots$

$\Downarrow \quad \Downarrow \quad \Downarrow \quad \Downarrow \quad \Downarrow$

$3, \ 5, \ 8, 12, 17, \cdots$ ………………………………………… ①

여기서 이웃하는 두 항의 차 $5-3$, $8-5$, $12-8$, $17-12$, … 를 계산하면 2, 3, 4, 5, …로 첫째항이 2이고, 공차가 1인 등차수열이 됩니다.

일반적으로 수열 a_1, a_2, a_3, a_4, a_5, …에서 이웃하는 두 항의 차 $b_1=a_2-a_1$, $b_2=a_3-a_2$를 계차라 하고, 이들 계차 b_1, b_2, b_3, …으로 이루어진 수열 $\{b_n\}$을 처음 수열 $\{a_n\}$의 계차수열이라 합니다.

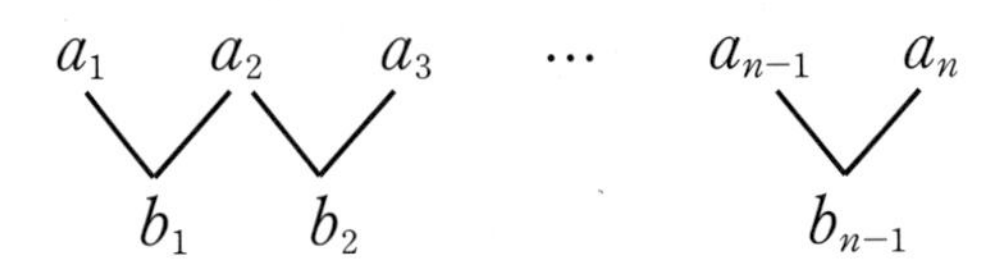

등차, 등비수열과 같이 일반항을 쉽게 알 수 있는 수열이 아닌 경우에는 계차를 구해 보아야 합니다. 규칙을 찾기가 곤란한 정수의 수열은 계차를 구해 보면 도움이 됩니다.

이제 조금은 어려운 내용입니다. 이것만 하고 이번 수업은 마칠 것이니까 힘을 냅시다.

계차수열 $\{b_n\}$을 이용하여 수열 $\{a_n\}$의 일반항을 구해 볼 겁니다.

$$b_n = a_{n+1} - a_n$$

n에 1, 2, 3, ⋯ , $n-1$을 각각 대입하면 다음과 같은 모양으로 나열됩니다.

$$b_1 = a_2 - a_1$$
$$b_2 = a_3 - a_2$$
$$b_3 = a_4 - a_3$$
$$\vdots$$
$$b_{n-1} = a_n - a_{n-1}$$

이들을 변끼리 더하면 다음과 같습니다.

$$\sum_{k=1}^{n-1} b_k = b_1 + b_2 + \cdots + b_{n-1} = a_n - a_1$$

따라서 다음과 같은 등식을 얻게 됩니다. 결코 공짜로 얻은 것이 아닙니다.

$$a_n = a_1 + \sum_{k=1}^{n-1} b_k \, (n=2, 3, 4, \cdots)$$

상당히 어렵지요? 곧 닥쳐올 미래지만 이해를 못하면 잊어버려요. 여기서 그만하고 쉽시다. 바로 책 덮고 머리 좀 식히세요. 다음 시간에서는 머리가 맑은 상태에서 만나요.

여섯 번째 수업 정리

❶ 수열 $\{a_n\}$의 첫째항부터 제 n항까지의 합 $a_1+a_2+a_3+\cdots+a_n$은 기호 $\sum$를 사용하여 다음과 같이 간단하게 나타냅니다.

$$a_1+a_2+a_3+\cdots+a_n=\sum_{k=1}^{n}a_k$$

❷ 자연수의 거듭제곱 합의 공식

$$\sum_{k=1}^{n}k=1+2+3+\cdots+n=\frac{n(n+1)}{2}$$

$$\sum_{k=1}^{n}k^2=1^2+2^2+3^2+\cdots+n^2=\frac{n(n+1)(2n+1)}{6}$$

$$\sum_{k=1}^{n}k^3=1^3+2^3+3^3+\cdots+n^3=\left\{\frac{n(n+1)}{2}\right\}^2$$

❸ 계차수열

일반적으로 수열 $a_1, a_2, a_3, a_4, a_5, \cdots$에서 이웃하는 두 항의 차 $b_1=a_2-a_1$, $b_2=a_3-a_2$를 계차라 하고 이들 계차 $b_1, b_2, b_3, \cdots$으로 이루어진 수열 $\{b_n\}$을 처음 수열 $\{a_n\}$의 계차수열이라 합니다.

수열로 통한다

수열의 활용에 대해 알아봅니다.

1. 수열의 활용을 알아봅니다.

미리 알면 좋아요

1. 피보나치 이탈리아 수학자. 인도-아리비아 숫자 체계를 서유럽에 도입하는 데 크게 기여하였습니다. 또한 오늘날 피보나치수열이라고 하는 독특한 수열의 창안자이기도 합니다.

2. 피타고라스학파 피타고라스가 이탈리아의 크로톤에 살면서 그 도시의 귀족들을 중심으로 만든 학파.

이번 수업은 좀 판타스틱할 것입니다.

수열이 가지고 있는 모든 것을 보여 줄 것입니다. 여러분도 놀랄 각오를 하세요.

그림으로 보는 수열의 합입니다.

$3(1^2+2^2+3^2+\cdots+n^2)=n(n+1)(n+\frac{1}{2})$ ➡ $1^2+2^2+3^2+\cdots+n^2=\frac{n(n+1)(2n+1)}{6}$

이 공식을 그림으로 설명하겠습니다. n번째까지 하지 않고 4번째 항까지 맛만 보여 주겠습니다. 다 통합니다.

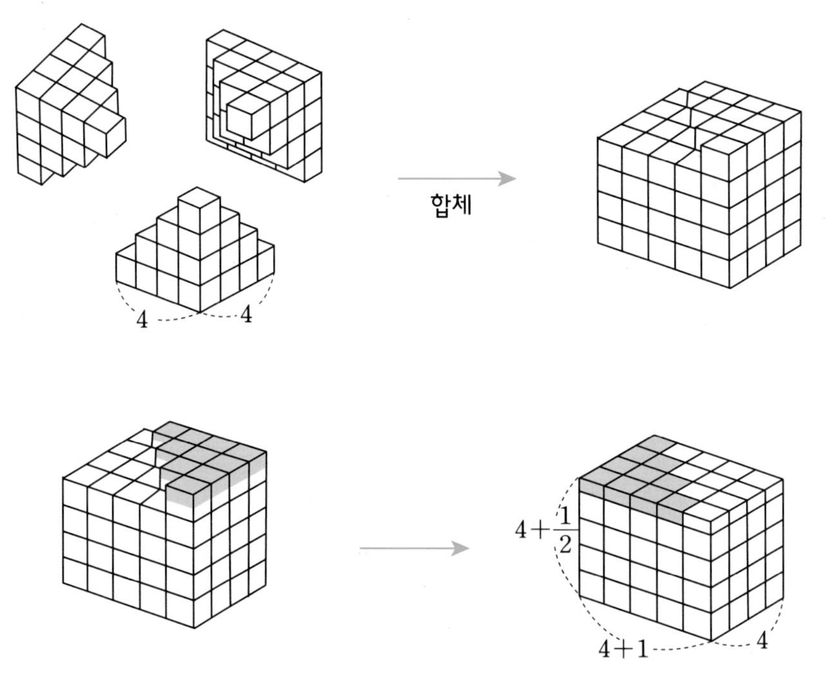

채워지지 않은 부분이 한 층에 있는 개수의 반이므로 높이를 반으로 나누어 옆에 붙이면 한 층이 채워집니다.

가로×세로×높이
$=4\times(4+1)\times(4+\frac{1}{2})=90$

$$n(n+1)(n+\frac{1}{2})=n(n+1)\left(\frac{2n+1}{2}\right)=\frac{n(n+1)(2n+1)}{2}$$

↑ 가로 ↑ 세로 ↑ 높이

이번 수업에서는 그림을 많이 그려 보겠습니다. 그림으로 보는 등차수열의 합입니다.

자연수의 합을 구하는 공식은 $\frac{n(n+1)}{2}$ 입니다. 이 공식이 어떻게 나왔는지 그림으로 그려 나타내겠습니다.

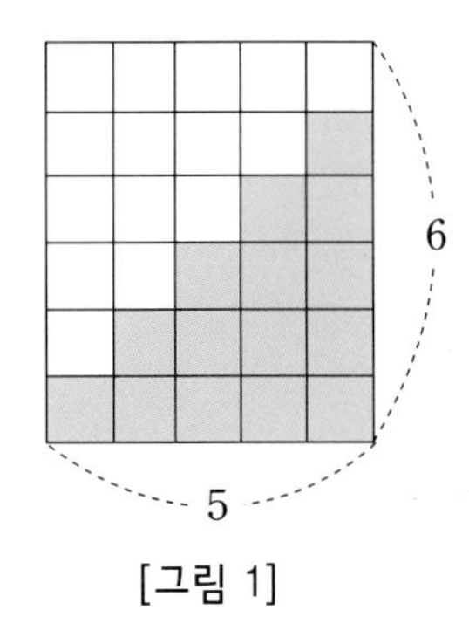

[그림 1]

위 그림에서 색칠된 사각형을 왼쪽부터 차례로 더해 봅시다.

$S=1+2+3+4+5$

똑같은 복제 삼각형을 거꾸로 붙이면 다음과 같은 식이 성립됩니다. 한 삼각형이 만들어지는 사각형들의 총 개수를 S라 합니다.

$2S=5\times6$

2를 넘겨 좌변에 S만 남는 식으로 변형을 합니다.

$$S = \frac{5 \times 6}{2}$$

이와 같이 1부터 5까지의 합이 $S = \frac{5 \times 6}{2}$이므로 이것을 통해 공식을 만들어 보겠습니다. 1부터 5까지의 합일 때 [그림 1]에서 밑변이 5가 되고 높이가 $(5+1)$인 형태로 값을 구했습니다. 따라서 n까지의 합일 때는 아래 그림처럼 밑변이 n이 되고 높이가 $n+1$이 되리라는 것을 똑똑한 여러분은 짐작했을 것입니다.

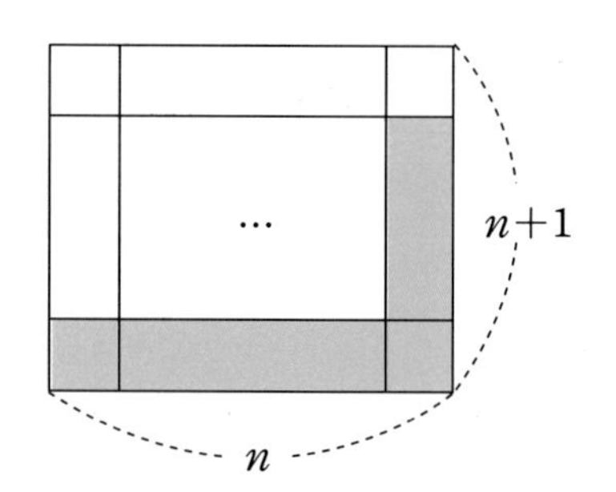

1부터 n까지 자연수의 합을 구하는 공식이 나왔습니다.

$$2S = n(n+1)$$

$$\therefore S=\frac{n(n+1)}{2}$$

이제 홀수의 합을 이런 식으로 알아보겠습니다. 수열의 합을 S라고 두겠습니다. S가 무슨 뜻이냐고요? 슈퍼마리오의 영문 첫 자라고 생각하세요.

$1+3=2^2$

$1+3+5=3^2$

$1+3+5+7=4^2$

$1+3+5+7+9=5^2$

자, 이제 어떤 식으로 진행이 될지 예상을 할 수 있나요? 맞습니다. 맞고요.

홀수를 n개 더하게 되면 n^2이 됩니다. 따라서 $S=n^2$이지요.

내가 한참 설명하고 있는데 슈퍼마리오는 참 세월 빠르다면서 달력을 보고 있습니다. 정말 세월 참 빠른 것 같습니다. 여러분도 방학 기간을 잘 생각해 보세요. 방학 시작한 지가 엊그제 같은데 어느덧 방학이 끝나가면서 방학숙제를 걱정하는 시간이 돌아오

잖아요.

우리 수학자들은 달력을 보면서 또 다른 것을 생각합니다. 바로 수학이지요. 수학 중에서도 수열을 생각합니다.

아래의 달력에 내가 두 직선을 그었습니다. 두 직선 위에 있는 수열의 규칙을 각각 알아보겠습니다.

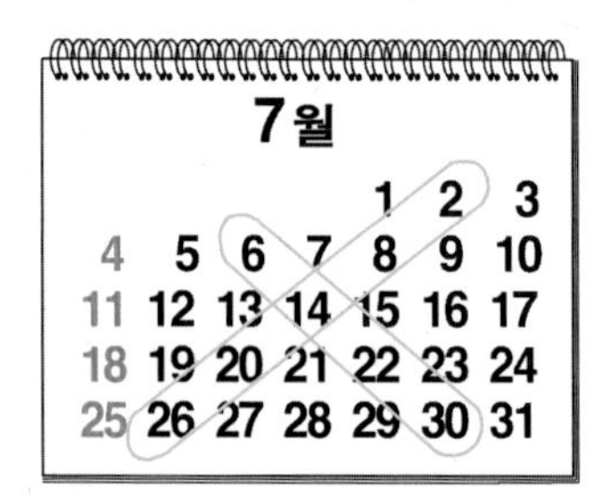

위의 달력에서 다음 두 수열을 얻었습니다.

① 2, 8, 14, 20, 26

이 수열은 첫째항 2에서 시작하여 차례로 일정한 수 6을 더하여 얻어지는 수열입니다.

② 6, 14, 22, 30

이 수열은 첫째항 6에서 시작하여 차례로 일정한 수 8을 더하여 얻어지는 수열입니다.

더하여 만들어지는 수열을 등차수열이라고 하지요. 혹시 벌써 잊어버린 것은 아니겠지요?

그럼 이번에는 도형과 등비수열에 대해 좀 알아보겠습니다.

문제

정삼각형 각 변의 중점을 이어서 만든 정삼각형을 잘라내면 [단계 1]과 같이 세 개의 작은 정삼각형이 생깁니다. 그러니까 가운데 삼각형을 뻥 들어낸다는 소리입니다. 이런 식으로 계속 들어내면 [단계 5]에서 생기는 정삼각형의 개수가 몇 개인지 알아보시오.

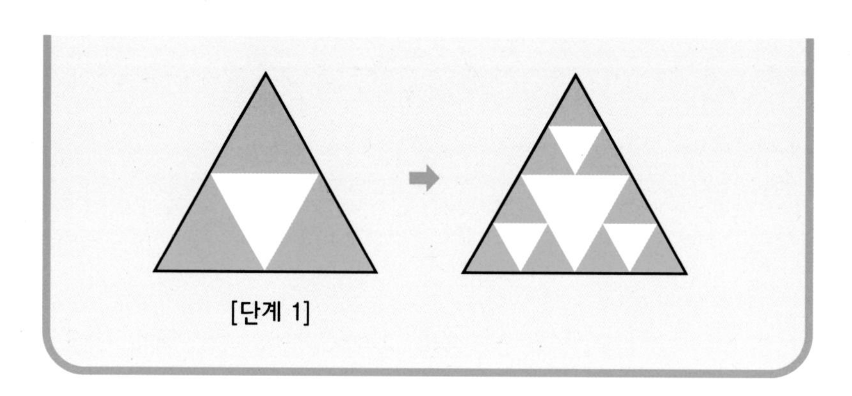

이런 과정을 반복하면 각 단계에 따른 정삼각형의 개수는 공비가 3인 등비수열이 됩니다. 말로 하니 어렵지요? 수로 나타내면 다음과 같습니다.

$3^1, 3^2, 3^3, 3^4, 3^5, \cdots$

그래서 [단계 5]의 정삼각형 개수는 3^5입니다.

이런 규칙을 찾아낸다면 아무리 큰 단계라고 해도 알 수가 있습니다. 100단계는 3^{100} 이라고 쓰면 끝입니다.

슈퍼마리오가 이 삼각형의 모양이 아름답다며 사진기를 들고 옵니다.

요즘 다 디지털 카메라를 쓰거나 핸드폰을 사용하는데 슈퍼마리오는 정말 구식입니다. 그런데 슈퍼마리오가 들고 온 이 사진기의 필터는 비춰진 빛의 90%를 통과시킨다고 합니다. 처음의 빛을 x라 할 때, 이 필터를 5개 쌓으면 얼마의 빛이 통과할까요?

슈퍼마리오가 갸웃거리자 피타고라스가 다시 질문을 했습니다.

등비수열일까요, 등차수열일까요?

마침 하늘에서 비가 내려 슈퍼마리오의 등에 빗물이 떨어집니다. 등에 비를 맞은 슈퍼마리오는 하늘의 뜻을 깨닫습니다.

"분명 등비수열일 거예요."

역시 공부 못하는 사람들은 직관적으로 찍기의 도사입니다. 그런 것을 보면 수학은 태어나면서 우리의 몸에 직관적으로 배어 있는데 이성을 통해 배우면서 두려움에 의해 자꾸 어려워지는 것 같습니다.

슈퍼마리오가 찍은 등비수열이라는 말이 맞습니다. 이 수열은 등비수열입니다.

처음의 빛을 x라 하면 필터 한 개를 통과한 빛은 다음과 같습니다.

$$x \times \frac{9}{10} = \frac{9}{10}x$$

그럼, 필터 두 개를 통과한 빛은 어떨까요?

$$\frac{9}{10}x \times \frac{9}{10} = \left(\frac{9}{10}\right)^2 x$$

여기서 잠깐, 두 번 통과하니까 조그마하게 표현된 수, 즉 지수가 2가 되지요.

그럼 규칙성을 생각해 봅시다. 두 번 통과하면 2가 된다면 다섯 번 통과하면 작은 수, 즉 지수를 얼마로 두면 될까요? 당연하지요. 5로 두면 됩니다. 똑같이 쓰고 위에다가 5를 미니어처로 써 놓으면 답이 됩니다.

따라서 필터 5개를 통과한 빛은 $\left(\frac{9}{10}\right)^5 x$입니다.

삼국지에 나오는 인물 중 제갈량이 있습니다. 다음은 제갈량의 군대 이야기입니다. 옛날 중국의 수학책《산법통종》에 나오는 글입니다.

제갈무후는 8명의 장수들을 통솔하고
각각의 장수는 또 8개의 군영으로 갈라지고
각각의 영에는 8개의 진이 펼쳐져 있으며
각각의 진 앞에는 8명의 선봉장이 서 있고
각각의 선봉장은 8명의 기수를 거느리고
각각의 기수에게는 8명의 대대장이 딸려 있고
각각의 대대장은 또 다시 8명의 갑사를 거느리고

각각의 갑사는 병졸 8명씩을 거느렸다네.

위 내용을 잘 읽어 보면 모든 사람의 수는 첫째항이 1이고 공비가 8인 등비수열에서 첫째항부터 제 9항까지의 합으로 생각할 수 있습니다.

하지만 좀 더 생각해 보면 군영과 진은 사람이 아닙니다. 그래서 글에서 말한 모든 사람의 수는 첫째항부터 제 9항까지의 합에서 제 3항군영과 제 4항진의 합을 빼야 합니다.

일단 전체의 개수를 등비수열 합의 공식을 이용하여 나타냅니다. 등비수열 합의 공식이 기억나지 않는다고요? 한 번 더 써 줄게요.

$$\mathrm{S}=\frac{a(r^n-1)}{r-1}$$

여기서 r은 곱해지는 수로, 공비입니다. a는 첫째항이 되고요. n은 항의 수, 여기서는 9항까지 있으므로 n은 9입니다. 공식에 대입해서 나타내 봅시다.

$$\frac{1(8^9-1)}{8-1}$$

여기서 끝이 아닙니다. 군영과 진은 사람이 아니라고 했으므로 합에서 빼야 합니다.

다시 식을 정리해 봅시다.

$$\frac{1(8^9-1)}{8-1}-(8^2+8^3)$$
$$=19173961-576$$
$$=19173385$$

우와, 약 2천만 명입니다. 중국인의 과장은 대단하네요.

수열에 대한 이야기를 하면서 절대 빠지지 않는 수열이 있습니다. 거의 모든 수열 이야기책에 나와 있는 내용입니다. 그래서 우리도 피곤하지만 그 내용을 다루도록 하겠습니다. 피곤하지요? 그래서 이 수열을 피보나치수열이라고 합니다. 하하, 농담입니다.

수학자 피보나치는 13세기경 이탈리아에서 태어났습니다. 아마도 자라면서 이탈리아 도미노피자를 많이 먹었을 것입니다. 정말 부럽지요.

그는 아프리카의 북쪽 연안에 있는 부기라는 곳에서 성장했습니다. 아버지를 따라 이집트, 시칠리아, 그리스, 시리아 등을 여행하면서 인도, 아라비아의 계산 방법을 습득하였고, 서기 1202년 집으로 돌아오자마자 손만 씻고 《산반서》을 썼습니다.

이 책은 산술과 초등대수에 관한 내용을 담고 있습니다. 이 책 안에 피보나치수열이 있습니다. 피보나치수열에 대해 알아봅시다.

이탈리아 피자, 아니 이탈리아 수학자 피보나치는 다음과 같이 말했습니다.

문제

갓 태어난 암수 한 쌍의 토끼가 있습니다. 이 토끼는 태어나서 1개월만 지나면 성장해서 어미가 되고, 그후 매월 암수 한 쌍의 토끼를 낳습니다. 태어난 한 쌍의 토끼는 생후 2개월이면 마찬가지로 매월 한 쌍의 토끼를 낳는다고 합니다. 이와 같이 계속될 때, 12개월 후 토끼는 몇 쌍이 되겠습니까? 단, 토끼는 불사조다. 죽지 않는다고 가정한다.

이 토끼 쌍의 수를 매월 계산해 보면 다음과 같은 수열을 이룹니다.

1, 1, 2, 3, 5, 8, 13, 21, …

이와 같이 연속한 두 항의 합이 다음 항을 이룰 때, 이를 피보나치수열이라고 합니다.

토끼가 이렇게 불어나면 풀과 사료를 대기가 여간 피곤한 것이 아니지요. 그래서 정말 피곤한 피보나치수열이 맞습니다.

이 수열은 자연의 여러 곳에서 발견할 수 있습니다.

예를 들어, 솔방울 나선의 수, 해바라기 씨의 배열, 나뭇가지의 성장, 백합과 아이리스 꽃잎의 수, 조개껍데기 등에서 볼 수 있습니다.

이처럼 수열은 자연 속에 녹아 있는 수학입니다. 수학을 책 속에서 꺼내어 자연과 일상생활에 응용하다 보면 딱딱한 수학도 말랑말랑한 젤리로 변하게 될 것입니다.

여러분, 이제 우리도 수열 이야기를 마쳐야 할 것 같습니다. 나를 도와 수열 여행을 함께 해 준 슈퍼마리오에게도 뜨거운 물, 아니 뜨거운 박수 부탁합니다.

나는 이제 물러갑니다. 슈퍼마리오도 오락 속으로 다시 뛰어들어갑니다. 여러분들을 다시 만나기 위해서…….

그러나 이야기는 여기서 끝이 아닙니다. 나의 제자들이 할 말이 있다고 합니다.

사람들은 나의 제자들을 피타고라스학파라고 부른답니다. 그들이 나에게 보낸 호소문은 다음과 같습니다.

중요 포인트

세 개의 수 a, b, c가
$a-b=b-c$를 만족하면 a, b, c는 등차수열이다.
$a:b=b:c$를 만족하면 a, b, c는 등비수열이다.
$(a-b):(b-c)=a:c$를 만족하면 a, b, c는 조화수열이다.

마지막 경우를 살펴볼까요?

$$a(b-c)=(a-b)c,\ bc+ab=2ac$$

따라서 $\frac{1}{a}+\frac{1}{c}=\frac{2}{b}$ 또는 $\frac{1}{a}-\frac{1}{b}=\frac{1}{b}-\frac{1}{c}$로 고쳐 적을 수 있습니다. 따라서 a, b, c가 조화수열이라는 것은 그 역수 $\frac{1}{a}$, $\frac{1}{b}$, $\frac{1}{c}$이 등차수열이라는 것과 같습니다.

다 맞는 주장이고 훌륭합니다. 하지만 나는 그들을 돌려보냈습니다. 아무리 좋은 주장이라도 끝내려고 하는데 나타나면 정말 짜증납니다. 그렇지 않나요? 학생 여러분, 진짜 마칩니다. 모두들 수고했어요.

일곱 번째 수업 정리

1. $3(1^2+2^2+3^2+\cdots+n^2)=n(n+1)(n+\frac{1}{2})$ ➡ $1^2+2^2+3^2+\cdots+n^2=\frac{n(n+1)(2n+1)}{6}$

2. 자연수의 합을 구하는 공식

$$\frac{n(n+1)}{2}$$